utb 4825

AF703487

Eine Arbeitsgemeinschaft der Verlage

Brill | Schöningh – Fink · Paderborn
Brill | Vandenhoeck & Ruprecht · Göttingen – Böhlau · Wien · Köln
Verlag Barbara Budrich · Opladen · Toronto
facultas · Wien
Haupt Verlag · Bern
Verlag Julius Klinkhardt · Bad Heilbrunn
Mohr Siebeck · Tübingen
Narr Francke Attempto Verlag – expert verlag · Tübingen
Psychiatrie Verlag · Köln
Ernst Reinhardt Verlag · München
transcript Verlag · Bielefeld
Verlag Eugen Ulmer · Stuttgart
UVK Verlag · München
Waxmann · Münster · New York
wbv Publikation · Bielefeld
Wochenschau Verlag · Frankfurt am Main

Prof. Dr. Andreas Behr lehrt Statistik an der Universität Duisburg-Essen.

Andreas Behr

Grundwissen Deskriptive Statistik

mit Aufgaben, Klausuren und Lösungen

3., überarbeitete und erweiterte Auflage

UVK Verlag · München

Umschlagabbildung: © megakunstfoto · iStockphoto
Autorenbild: © privat

Bibliografische Information der Deutschen Nationalbibliothek
Die Deutsche Nationalbibliothek verzeichnet diese Publikation in der Deutschen Nationalbibliografie; detaillierte bibliografische Daten sind im Internet über http://dnb.dnb.de abrufbar.

3., überarbeitete und erweiterte Auflage 2023
2., überarbeitete Auflage 2019
1. Auflage 2017

DOI: https://doi.org/10.36198/9783838561752

– ein Unternehmen der Narr Francke Attempto Verlag GmbH + Co. KG
Dischingerweg 5 · D-72070 Tübingen

Internet: www.narr.de
eMail: info@narr.de

Einbandgestaltung: siegel konzeption | gestaltung
CPI books GmbH, Leck

utb-Nr. 4825
ISBN 978-3-8252-6175-7 (Print)
ISBN 978-3-8385-6175-2 (ePDF)

MIX
Papier aus verantwortungsvollen Quellen
FSC
www.fsc.org
FSC® C083411

Vorwort zur dritten Auflage

Für die dritte Auflage wurden im Text lediglich kleinere Korrekturen vorgenommen. Im Anhang wurden für die Überprüfung des Lernstands und die Klausurvorbereitung vier Übungsklausuren mit Lösungshinweisen ergänzt.

Andreas Behr August 2023

Digitale Zusatzmaterialien
Die im Text verwendeten Daten können Sie unter *www.utb.de* auf Titelebene des Buches bei *Bonus-Material* herunterladen.

Vorwort zur zweiten Auflage

Für die zweite Auflage wurden alle beispielhaften empirischen Analysen mit Daten der Allgemeinen Bevölkerungsumfrage der Sozialwissenschaften 2018 (ALLBUS) angefertigt. (GESIS - Leibniz-Institut für Sozialwissenschaften (2019): Allgemeine Bevölkerungsumfrage der Sozialwissenschaften ALLBUS 2018. GESIS Datenarchiv, Köln. ZA5270 Datenfile Version 2.0.0, doi:10.4232/1.13250.) Die empirischen Aufgaben und deren Lösungshinweise beziehen sich nun ebenfalls durchgängig auf Daten das ALLBUS. Das verwendete Datenfile steht für die Leserinnen und Leser des Buches zum Download bereit. Zudem wurden im Text, in den Übungsaufgaben und den Lösungshinweisen in der ersten Auflage verbliebene Fehler und Ungenauigkeiten für die zweite Auflage korrigiert. Alle Ergebnisse wurden in R berechnet. Bei der Angabe von Zwischenergebnissen im Text ist zu beachten, dass durchgängig mit nicht gerundeten Zwischenergebnissen gerechnet wurde. Hierdurch ergeben sich mitunter geringfügige Abweichungen der dargestellten Ergebnisse von den Ergebnissen, die bei Verwendung gerundeter Zwischenergebnisse resultieren.

Auch bei der zweiten Auflage gilt mein besonderer Dank Christoph Schiwy für seine Unterstützung bei der Erstellung des Buches mit LATEXund knitr. Für die Durchsicht des Manuskriptes möchte ich mich bei Gerald Fugger, Marco Giese, Donald Teguim Kamdjou, Fiona Ewald, Lucy Hong und Erik Berns bedanken.

Andreas Behr August 2019

Vorwort zur ersten Auflage

Der vorliegende Text soll Einblicke in die Grundlagen der Deskriptiven Statistik vermitteln. Er ist entstanden auf der Grundlage von Vorlesungsfolien und Skripten meiner Lehrveranstaltungen an den Universitäten in Frankfurt/M., Münster und Essen. Als didaktisches Konzept wurde versucht, die vorgestellten Methoden mit Hilfe einfachster Zahlenbeispiele transparent darzustellen, bevor sie auf einen Datensatz, der Informationen über 1000 Personen enthält und aus der Panel Study of Income Dynamics (USA) stammt, angewendet werden.

Der Text enthält neben der Darstellung der ausgewählten statistischen Methoden jeweils am Kapitelende kurze Blöcke, in denen Code zur Berechnung der numerischen Ergebnisse und zur Erstellung der Graphiken der statistischen Programmierumgebung R präsentiert wird. Die dargestellten und besprochenen Ergebnisse lassen sich damit recht einfach reproduzieren. Ein einführender Text in die statistische Analyse mit R ist Behr, Andreas / Pötter, Ulrich, Einführung in die Statistik mit R, 2. Auflage, Vahlen Verlag, München, 2011.

Aus Platzgründen wurde in der Regel ein etwas vereinfachter R-Code angegeben, so dass die im Text enthaltenen Graphiken nicht mit den aus dem angegeben R-Code resultierenden identisch sind. Zu beachten ist, dass die dargestellten Ergebnisse gerundet wurden, wodurch sich u.U. geringfügige Abweichungen von exakten oder weniger stark gerundeten Ergebnissen – etwa bei Verwendung des angegebenen R-Codes – erklären. In Anlehnung an die übliche Darstellung in statistischer Software wird im gesamten Text als 1000er Trennzeichen ein Komma und als Dezimaltrennzeichen ein Punkt verwendet.

Am Ende jedes Kapitels befinden sich Übungsaufgaben, mit deren Hilfe die in dem jeweiligen Kapitel besprochenen Inhalte vertieft und deren Anwendung geübt werden kann. Am Ende des Buches finden sich gekürzte Lösungen der Übungsaufgaben. Zudem enthält das Buch eine Formelsammlung, in der die wichtigsten Formeln des Textes zusammengestellt sind. Üblich ist die Bereitstellung derartiger Formelsammlungen als Hilfe in Klausuren. Formeln, die in der Formelsammlung enthalten sind, sind im Text grau hinterlegt, womit auf deren herausgehobene Bedeutung verwiesen wird.

Für die eigenständige Überprüfung des Kenntnisstands sind zudem zwei Klausuren im Text enthalten. Auch für diese finden sich am Ende des Buches kurze Lösungshinweise.

Bedanken möchte ich mich bei Götz Rohwer für Hinweise und Beiträge, insbesondere zu den Kapiteln 2 und 11; und bei Christoph Schiwy, ohne dessen Unterstützung in LaTeXund knitr das Buch nicht entstanden wäre. Zudem danke ich Katja Theune, Lucy Hong, Neele Daun, Jurij Weinblat, Gerald Fugger und Kevin Gründker für die Durchsicht des Manuskripts.

Andreas Behr 2017

Inhaltsverzeichnis

1 Einführung

Mit Hilfe der Methoden der Deskriptiven Statistik sollen Daten, die für eine Anzahl an Einheiten (Personen, Unternehmen, etc.) gewonnen wurden, so dargestellt und beschrieben werden, dass ihr Informationsgehalt einfach und anschaulich sichtbar wird. Ausgangspunkt sind Werte einer oder mehrerer statistischer Variablen, mit denen Eigenschaften der Einheiten erfasst sind. In diesem einleitenden Kapitel erläutern wir dies Ziel, geben einige grundlegende Definitionen an sowie ein Beispiel, das auch in späteren Kapiteln verwendet wird.

1.1 Einleitung

In diesem Buch beschäftigen wir uns mit der deskriptiven (beschreibenden) Statistik. Vordringlich geht es darum, Methoden zu besprechen, mit denen vorliegende Daten anschaulich dargestellt und wesentliche Charakteristika der Verteilung der Daten herausgearbeitet werden können. Methoden der Wahrscheinlichkeitsrechnung und der Inferenzstatistik werden in einem anderen Buch (Grundwissen: Induktive Statistik) dargestellt.

1.1.1 Ziele

Das Ziel besteht darin, Einblicke in die Methoden und die Probleme der statistischen Begriffsbildung, der Datengewinnung und der Datenauswertung zu geben. Obwohl Fragen der Operationalisierung in der empirischen Wirtschaftsforschung von ganz zentraler Bedeutung sind, wird im Rahmen dieser Einführung nur in begrenztem Umfang darauf eingegangen und der Schwerpunkt auf die statistische Auswertung von Daten gelegt. Fragen der Operationalisierung müssen in der Praxis jeweils gesondert für das aktuelle Forschungsprojekt behandelt werden und sind nur eingeschränkt einer allgemeinen Behandlung zugänglich. Ein Grundwissen über statistische Methoden der Datenanalyse in Form von tabellarischen und grafischen Darstellungen und der Charakterisierung durch Kennzahlen sollte jedoch jeder Wirtschafts- und Sozialwissenschaftler besitzen.

1.1.2 Motivation

Die Statistik kann zwar einerseits als eine Hilfswissenschaft für die Wirtschaftswissenschaften verstanden werden, sie hat jedoch andererseits eine zentrale Funktion. Die meisten Phänomene, die in den Wirtschaftswissenschaften interessieren, sind einer unmittelbaren Beobachtung oder Erfahrung nicht zugänglich. Erst durch eine adäquate Begriffsbildung und Datenerhebung werden diese Phänomene empirisch zugänglich. Zu denken ist hier z. B. an das Niveau der Arbeitslosigkeit, die allgemeine Entwicklung von Verbraucherpreisen, die Mietpreisentwicklung und dergleichen mehr. In diesem Sinne kann die Statistik als ein „Sinnesorgan“ der Wirtschaftswissenschaften verstanden werden.

Als eine weitere Motivation lässt sich die zunehmende Datenverfügbarkeit und damit einhergehend die zunehmende Bedeutung von Datenanalysen anführen. Die Fähigkeit, Ergebnisse von Datenanalysen verstehen und interpretieren und die dabei verwendeten Methoden kritisch hinterfragen zu können, ist sicherlich von herausragender Bedeutung.

1.2 Variablen und Häufigkeiten

In diesem Abschnitt erläutern wir einige Begriffe, die für alle weiteren Kapitel von grundlegender Bedeutung sind.

1.2.1 Variablen und Daten

Deskriptive Statistik beginnt mit Daten. Diese Daten sind fast immer in der Form einer Datenmatrix gegeben, deren Schema folgendermaßen verdeutlicht werden kann:

i	x_i	y_i	z_i
1	x_1	y_1	z_1
2	x_2	y_2	z_2
$\vdots$	$\vdots$	$\vdots$	$\vdots$
n	x_n	y_n	z_n

Jede Zeile bezieht sich auf eine Einheit (z. B. eine Person oder ein Unternehmen). Die erste Spalte enthält eine Nummer, die die jeweilige Einheit angibt. Die Anzahl der Einheiten wird durch die Zahl n angegeben.

Die weiteren Spalten enthalten die Werte von Variablen. Im obigen Schema gibt es drei Variablen: X, Y und Z. Dies ist eine allgemeine Konvention: Variablen werden durch kursive Großbuchstaben bezeichnet, ihre Werte durch entsprechende Kleinbuchstaben. So ist x_i der Wert, den die Variable X bei der Einheit i annimmt; und entsprechend sind y_i und z_i zu verstehen. Diese Werte sind die eigentlichen Daten, aber wir betrachten sie nicht isoliert, sondern als Werte von Variablen, die für die jeweilige Gesamtheit der Einheiten definiert sind.

Dementsprechend kann der Begriff ,Variable' in zwei Bedeutungen verwendet werden. Einerseits bezieht er sich auf die Spalten einer Datenmatrix; bei einer formalen Betrachtung handelt es sich dann um Spaltenvektoren. Andererseits kann man mit dem Begriff eine Abbildung bezeichnen, die jeder Einheit einen bestimmten Wert in einem Merkmalsraum zuordnet, d.h. in einer Menge möglicher Merkmalsausprägungen.

1.2.2 Merkmalsarten und Skalenniveaus

In der Statistik ist es allgemein üblich, Merkmalswerte durch Zahlen zu repräsentieren (so dass man mit ihnen rechnen kann). Natürlich muss ihre Bedeutung angegeben werden, z. B. dass es sich um Monatslöhne in Euro handelt.

Merkmale haben ein bestimmtes Skalenniveau. Bei nominalen Merkmalen kann lediglich die Unterschiedlichkeit festgestellt werden, aber verschiedene Ausprägungen können nicht sinnvoll angeordnet werden und Abstände zwischen den Ausprägungen haben keine bestimmte Bedeutung. Nominale Merkmale sind z. B. das Geschlecht oder der Beruf.

Bei einem ordinalen Merkmal lassen sich die verschiedenen Ausprägungen in eine sinnvoll interpretierbare Reihenfolge bringen, jedoch haben auch in diesem Fall die Abstände keine bestimmte Bedeutung. Insbesondere bei subjektiven intensitätsmäßigen Auskünften findet oft die Ordinalskala Anwendung, etwa bei Wertungen wie ‚gut', ‚mittel', ‚schlecht' o.ä.

Ein Merkmal ist kardinal skalierbar, oft auch metrisches Merkmal genannt, wenn die verschiedenen Ausprägungen unterscheidbar sind, in eine Rangfolge gebracht werden können und die Abstände eine bestimmte Bedeutung haben. Bei einer Intervallskala existiert kein absoluter Nullpunkt, so dass zwar Abstände aber nicht sinnvoll Verhältnisse interpretiert werden können, wie etwa bei der Temperatur. Bei einer Verhältnisskala existiert ein absoluter Nullpunkt, etwa bei Gewichten oder Längenangaben.

1.2.3 Absolute und relative Häufigkeiten

Mit den Methoden der deskriptiven Statistik interessiert man sich nicht für die Merkmalswerte bestimmter (identifizierbarer) Einheiten, sondern nur dafür, mit welchen Häufigkeiten Merkmalswerte in der jeweiligen Gesamtheit der n Einheiten (oder in Teilgesamtheiten) auftreten. Man unterscheidet absolute und relative Häufigkeiten. Die absolute Häufigkeit, mit der eine Variable einen Wert x annimmt, ist die Anzahl der Einheiten, die diesen Merkmalswert aufweisen. Die relative Häufigkeit ist der entsprechende Anteil, also die absolute Häufigkeit geteilt durch n.

Wenn einfach von Häufigkeiten gesprochen wird, sind in diesem Buch stets relative Häufigkeiten gemeint. Als grundlegende Notation verwenden wir $\mathrm{P}(X = x)$, womit die Häufigkeit gemeint ist, mit der die Variable X den Wert x annimmt. Ganz analog bedeutet $\mathrm{P}(X = x, Y = y)$ die Häufigkeit, mit der X den Wert x *und* Y den Wert y annimmt.

Zur Illustration betrachten wir eine Gesamtheit von $n = 8$ Einheiten. Für die Variable X gibt es folgende Merkmalswerte (z. B. Altersjahre): $x_1 = 1$, $x_2 = 2$, $x_3 = 2$, $x_4 = 4$, $x_5 = 4$, $x_6 = 4$, $x_7 = 7$ und $x_8 = 16$. Dann kann man bespielsweise folgende Häufigkeiten ermitteln:

$$\mathrm{P}(X = 1) = 1/8, \quad \mathrm{P}(X = 4) = 3/8, \quad \mathrm{P}(X = 9) = 0.$$

Offenbar kann man auch x-Werte verwenden, die bei den Einheiten nicht vorkommen; dann ist die Häufigkeit Null.

Schließlich verwenden wir auch manchmal eine Notation, die sich auf mehrere mögliche Merkmalswerte bezieht: $\mathrm{P}(X \in A)$, womit die Häufigkeit dafür gemeint ist, dass X irgendeinen Wert in der Menge A annimmt. Beispielsweise findet man mit den eben angegebenen Werten, dass $\mathrm{P}(X \in \{1, 4\}) = 1/2$ ist.

Beziehen wir uns auf die Elemente eines explizit definierten Merkmalsraums, bezeichnen wir diese mit $\tilde{x}_j$ $(j = 1, \ldots, J)$ und ihre Häufigkeiten mit $f_j = \mathrm{P}(X = \tilde{x}_j)$. Mit $n_j = f_j n$ bezeichnen wir die absolute Häufigkeit.

1.2.4 Stabdiagramme

Durch die Häufigkeiten $\mathrm{P}(X = x)$ wird die Verteilung der Variablen X beschrieben. Viele Methoden der deskriptiven Statistik haben das Ziel, anschauliche und informative Bilder solcher Verteilungen zu liefern. Wenn es nicht zu viele unterschiedliche Merkmalswerte gibt, kann man Stabdiagramme verwenden, bei denen die X-Achse die möglichen Merkmalswerte und die Y-Achse die zugehörigen

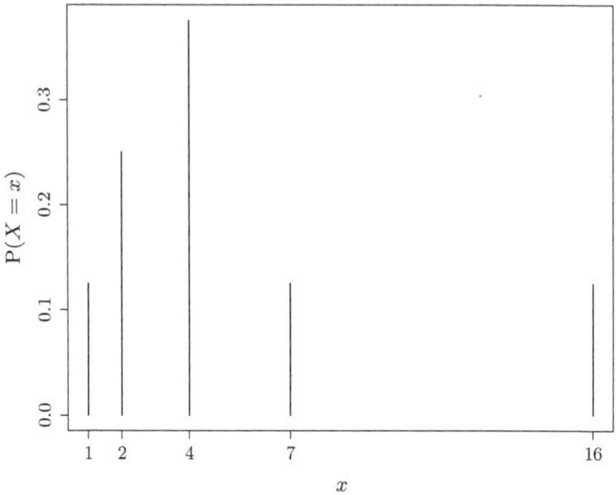

Abbildung 1.1: Relative Häufigkeiten des Zahlenbeispiels.

Häufigkeiten angibt. Abbildung 1.1 zeigt das Stabdiagramm für die 8 Beispielswerte. R-1-1

1.2.5 Klassierung

Wenn es sehr viele unterschiedliche Merkmalswerte gibt, ist es oft hilfreich, Merkmalsklassen zu verwenden. Wenn z. B. eine Variable die monatlichen Einkommen von Haushalten erfasst, könnten Einkommensklassen gebildet werden, und die klassierte Variable erfasst dann nur, in welcher Einkommensklasse sich ein Haushalt befindet. In dem oben angeführten Zahlenbeispiel könnten vier Klassen gebildet werden: $\tilde{x}_1^* = \{1,2\}$, $\tilde{x}_2^* = \{3,4\}$, $\tilde{x}_3^* = \{5,6\}$, $\tilde{x}_4^* = \{7,8\}$. Die klassierte Variable X^* nimmt dann einen dieser vier Werte an, und es gilt: $\mathrm{P}(X^* = \tilde{x}_j^*) = \mathrm{P}(X \in \tilde{x}_j^*)$; zum Beispiel $\mathrm{P}(X^* = \tilde{x}_1^*) = 3/8$.

1.3 Ein Beispiel mit Einkommensdaten

In diesem Abschnitt erläutern wir einen Beispielsdatensatz, der dann in den meisten folgenden Kapiteln zur Illustration von Konzepten und Methoden verwendet wird.

1.3.1 Datenquelle: Allgemeine Bevölkerungsumfrage der Sozialwissenschaften (ALLBUS)

Als Beispieldatensatz verwenden wir Daten der Allgemeine Bevölkerungsumfrage der Sozialwissenschaften (ALLBUS) des Jahres 2018.[1] Der ALLBUS wird seit 1980 in der Regel alle zwei Jahre durchgeführt und enthält Daten über Einstellungen, Verhaltensweisen und Sozialstruktur der Bevölkerung in der Bundesrepublik Deutschland.[2] Der ALLBUS ist angelehnt an den General Social Survey (GSS), der in den USA seit 1972 regelmäßig durchgeführt wird. Die Anzahl der Befragten in den veröffentlichten Daten liegt zwischen 2,800 und 3,500, in 2018 liegen Informationen für 3,477 Befragte vor. Das Untersuchungsgebiet des ALLBUS ist Deutschland und die Grundgesamtheit sind alle Personen, die zum Befragungszeitpunkt in Privathaushalten lebten und vor dem 01.01.2000 geboren sind.

Die Auswahl erfolgt als zweistufige, disproportional geschichtete Zufallsauswahl in Westdeutschland (inkl. West-Berlin) und Ostdeutschland (inkl. Ost-Berlin). In der ersten Auswahlstufe wurden Gemeinden in Westdeutschland und in Ostdeutschland mit einer Wahrscheinlichkeit proportional zur Zahl ihrer erwachsenen Einwohner ausgewählt. In der zweiten Auswahlstufe wurden Personen aus den Einwohnermeldekartoien zufällig gezogen. Die einzelnen Querschnittsdatensätze, haben neben einem Kernfrageprogramm wechselnde inhaltliche Schwerpunkte und dienen der Untersuchung von Einstellungen und Verhaltensweisen der deutschen Bevölkerung.

1.3.2 Die Variablen im Datensatz

Der Datensatz enthält für $n = 1,747$ Personen die folgenden Variablen:

- *id*: Identifizierer der Personen, laufende Nummer von 1 bis $1,747$

[1] GESIS - Leibniz-Institut für Sozialwissenschaften (2019): Allgemeine Bevölkerungsumfrage der Sozialwissenschaften ALLBUS 2018. GESIS Datenarchiv, Köln. ZA5270 Datenfile Version 2.0.0, doi:10.4232/1.13250.

[2] Informationen finden sich auf der folgenden Webseite: https://www.gesis.org/allbus/allbus/.

- *geschlecht:* Geschlecht der Person, 0 Mann, 1 Frau
- *alter:* Das Lebensalter der Person
- *ostwest:* Indikator für die Region, 0 Westdeutschland, 1 Ostdeutschland
- *land:* Das Bundesland, BW (Baden-Württemberg), BY (Bayern), BE (Berlin), BB (Brandenburg), HB (Bremen), HH (Hamburg), HE (Hessen), MV (Mecklenburg-Vorpommern), NI (Niedersachsen), NW (Nordrhein-Westfalen), RP (Rheinland-Pfalz), SL (Saarland), SN (Sachsen), ST (Sachsen-Anhalt), SH (Schleswig-Holstein), TH (Thüringen)
- *bildung:* Die Anzahl der Ausbildungsjahre[3] wurde aus der Summe der Schul- und Ausbildungsjahre gebildet. Die Schuljahre wurden ausgehend von Angaben zur Schulausbildung berechnet (Kein Abschluss 7, Hauptschulabschluss 9, Realschulabschluss 10, Fachhochschulabschluss 12, Abitur 13, Andere 10). Die Ausbildungsjahre wurden ausgehend von Angaben zur Berufsausbildung berechnet (Lehre 1,5, Berufsfachschule/Gesundheitswesen 2, Beamtenausbildung 1,5, Fachhochschule 3, Universtität 5)
- *beruf:* Der Beruf wurde aus den Angaben der Berufsklassifikation nach ISCO 08 gewonnen (1 Fuehrungskraefte, 2 Akademiker, 3 Techniker, 4 Buerokraefte, 5 Dienstleister, 6 Bauern, 7 Handwerker, 8 Monteure, 9 Hilfsarbeiter
- *stunden:* Anzahl der monatlichen Arbeitsstunden (ermittelt als gerundeter Wert der 4,3-fachen wöchentlichen Arbeitszeit)
- *einkommen:* Das zusammengefasste monatliche Netto-Einkommen des Befragten.
- *stlohn:* Aus Monatseinkommen und monatlichen Arbeitsstunden berechneter Netto-Stundenlohn.

---

[3] Die Variable wurde entsprechend der Vorgehensweise beim Sozio-ökonomischen Panel gebildet. Vgl. John P. Haisken-DeNew und Joachim R. Frick, DTC Desktop Companionto the GermanSocio-Economic Panel (SOEP), Version 8.0 - Dec 2005, S. 69.

Tabelle 1.1: Ein Ausschnitt des Datensatzes.

id	geschlecht	alter	land	beruf	stlohn
1	0	62	BY	3	13.50
2	1	64	ST	3	6.98
3	0	22	NI	7	7.22
⋮	⋮	⋮	⋮	⋮	⋮
1745	1	60	HH	5	1.80
1746	0	54	BY	2	6.30
1747	0	49	NI	2	55.56

Tabelle 1.1 zeigt einen Ausschnitt des Datensatzes. Die erste Spalte (*id*) enthält eine durchgängige Nummerierung aller $n = 1747$ Personen. Für die ersten und letzten drei Personen sind in diesem Ausschnitt jeweils in einer Zeile die Ausprägungen der aufgeführten Merkmale angegeben. R-1-2

1.4 Aufgaben

1. Mit dieser Aufgabe soll der Umgang mit Summen und Produkten, die in der Statistik sehr häufig verwendet werden, in Erinnerung gerufen werden. Gegeben sind:

i	1	2	3	4
x_i	6	4	1	3
y_i	1	3	4	2

Berechnen Sie:

a) $\sum_{i=1}^{4} x_i$

b) $\sum_{i=1}^{4} x_i y_i$

c) $\prod_{i=1}^{4} x_i$

d) $\prod_{i=1}^{4} x_i y_i$

e) $\prod_{i=1}^{4} x_i^2 y_i^{0.5}$

2. Berechnen Sie möglichst einfach (Hinweise zu Summen finden Sie in der Formelsammlung S. 219):

a) $\sum_{i=1}^{20} (6 - 4i) + \sum_{i=1}^{20} (2i + 2) + \sum_{i=1}^{20} (-4 - 4i)$

b) $\sum_{i=1}^{30} \left(i^2 + 2i - 3\right) + \sum_{i=1}^{30} \left(3i^2 + 5i + 8\right) + \sum_{i=1}^{30} \left(4i^2 + 6i - 10\right)$

c) $\sum_{i=1}^{40} (1 + i)^2 + \sum_{i=1}^{40} (1 - i)^2$

3. Gegeben ist folgende Matrix $B = (b_{ij})$; $i = 1, \ldots, I$ ist der Zeilenindex und $j = 1, \ldots, J$ der Spaltenindex:

$$B = \begin{pmatrix} 1 & 4 & 4 & 7 & 8 & 4 \\ 2 & 3 & 6 & 6 & 2 & 3 \\ 6 & 9 & 7 & 6 & 7 & 2 \\ 5 & 7 & 8 & 8 & 9 & 6 \\ 4 & 6 & 2 & 3 & 4 & 5 \\ 3 & 5 & 2 & 3 & 7 & 7 \end{pmatrix}$$

Berechnen Sie:

a) $\sum_{i=1}^{2}\sum_{j=1}^{3} b_{ij}$

b) $\sum_{i=2}^{2}\sum_{j=1}^{J} b_{ij}$

c) $\sum_{j=1}^{J} b_{2j}$

d) $\sum_{i=1}^{I}\sum_{j=1}^{2} b_{ij}$

e) $\sum_{i=3}^{4}\sum_{j=5}^{6} b_{ij}$

4. Informieren Sie sich im Internet über den ALLBUS und versuchen Sie, folgende Fragen zu beantworten:

a) Was ist eine Querschnitts-, was eine Panelerhebung?

b) Wie werden die befragten Haushalte ausgewählt?

c) Hat jeder Haushalt in Deutschland die gleiche Chance ausgewählt zu werden?

d) Welche Informationen liefert der ALLBUS?

e) Welche Schwerpunkte hat das Frageprogramm des ALLBUS im Jahr 2018?

5. Geben Sie bei den nachfolgenden Variablen an, welches Skalenniveau sie besitzen: Geschlecht, Beruf, Warengruppe, Immobilienbesitz, Bonität, Einkommen, Vermögen.

6. Ermitteln Sie für die folgenden Werte einer Variablen X

$$1, 4, 5, 4, 5, 4, 5, 4, 6, 1, 2, 1, 1, 2, 1$$

die vorkommenden Merkmalsausprägungen ($\tilde{x}_j$) und deren absolute (n_j) und relative (f_j) Häufigkeiten.

7. Die folgende Tabelle enthält die Häufigkeiten der ALLBUS Monatslöhne (in Euro) von Personen in Westdeutschland für 6 Lohnklassen unterschiedlicher Klassenbreite.

Klasse	von	bis unter	abs. Häuf.
$\tilde{x}_1^*$	0	500	22
$\tilde{x}_2^*$	500	1000	142
$\tilde{x}_3^*$	1000	1500	183
$\tilde{x}_4^*$	1500	2500	454
$\tilde{x}_5^*$	2500	5000	369
$\tilde{x}_6^*$	5000	20000	68

Ermitteln Sie für die Lohnklassen die Häufigkeiten $\mathrm{P}(X^* = \tilde{x}_j^*)$.

1.5 R-Code

R-1-1

```
# Vektor a mit Merkmalswerten erstellen
x <- c(1,2,2,4,4,4,7,16)
# Anzahl an Merkmalswerten
n <- length(x)
# absolute Häufigkeiten
table(x)
# relative Häufigkeiten
f.x <- table(x) / n
f.x
# Stabdiagramm der relativen Häufigkeiten
plot(f.x)
```

R-1-2

```
# Daten einlesen
d <- read.csv2(file = "allbus2018.csv", stringsAsFactors = FALSE)
# Übersicht: Erste und letzte 6 Beobachtungen anzeigen
head(d)
tail(d)
# Anzahl an Beobachtungen
n <- nrow(d)
n
```

2
Darstellung von Häufigkeitsverteilungen

Eine wichtige Aufgabe der deskriptiven Statistik besteht darin, anschauliche und informative Beschreibungen von Häufigkeitsverteilungen zu liefern. In diesem Kapitel besprechen wir Histogramme und Methoden zur Berechnung von Dichtefunktionen.

Tabelle 2.1: Histogramm mit Beispieldaten

Klasse	von	bis	b_j	f_j	h_j
$\tilde{x}_1$	0	3	3	0.05	0.0167
$\tilde{x}_2$	3	7	4	0.25	0.0625
$\tilde{x}_3$	7	13	6	0.55	0.0917
$\tilde{x}_4$	13	20	7	0.15	0.0214

2.1 Histogramme

2.1.1 Beschreibung der Methode

Sei X eine Variable mit den Werten $x_1, \ldots, x_n$ für n Einheiten. Um die Häufigkeitsverteilung von X durch ein Histogramm graphisch darzustellen, geht man folgendermaßen vor. Man bestimmt zunächst den kleinsten Merkmalswert $x_{\min}$ und den größten Merkmalswert $x_{\max}$, so dass alle vorkommenden Merkmalswerte im Intervall $[x_{\min}, x_{\max}]$ liegen. Dann werden Zahlen

$$a_0 < a_1 < \cdots < a_m$$

bestimmt, wobei $a_0 \leq x_{\min}$ und $a_m > x_{\max}$ ist, wodurch m Klassen (Intervalle) entstehen: $\tilde{x}_j^* = [a_j - a_{j-1}[$. Diese Klassen bilden die X-Achse des Historgramms. Für die Breite b_j eines Intervalls gilt $b_j = a_j - a_{j-1}$.

Für jede Klasse wird dann ein Rechteck gebildet, so dass die Fläche des Rechtecks der Häufigkeit entspricht, mit der X einen Wert in der Klasse annimmt. Die Höhe $h_j = f_j / b_j$ für die Klasse $\tilde{x}_j^*$, die auch als Dichte bezeichnet wird, wird also so bestimmt, dass gilt

$$h_j \, (a_j - a_{j-1}) = \mathrm{P}(X \in \tilde{x}_j^*).$$

Wir betrachten als Zahlenbeispiel die Werte

$$1, 3, 5, 5, 5, 6, 8, 8, 8, 8, 8, 10, 10, 10, 11, 12, 12, 14, 17, 19.$$

Wir wählen $a_0 = 0, a_1 = 3, a_2 = 7, a_3 = 13, a_4 = 20$, wodurch $m = 4$ Klassen (Intervalle) entstehen. Die resultierenden Klassenbreiten, Häufigkeiten und Dichten sind in Tabelle 2.1 und das resultierende Histogramm ist in Abbildung 2.1 dargestellt. R-2-1

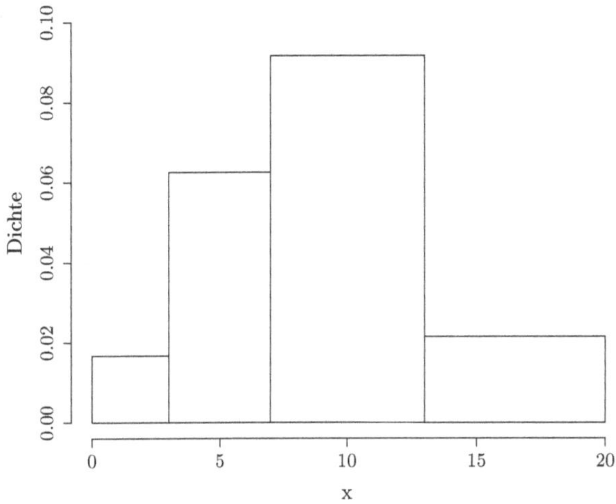

Abbildung 2.1: Histogramm für 20 Beispielwerte.

2.1.2 Bestimmung der Klassen

Das Erscheinungsbild eines Histogramms hängt davon ab, wie die Klassen gewählt werden. Oft wird für alle Klassen die gleiche Breite $a_j - a_{j-1}$ verwendet; dann ist nur noch die Anzahl der Klassen (m) zu wählen.

Werden zu wenige Klassen gewählt, werden Verdichtungsstellen in den Daten verschmiert. Fasst man z. B. zwei Klassen, eine mit hoher und eine mit geringer Dichte zu einer Klasse zusammen, dann erhält diese eine mittlere Dichte und der Unterschied in den Dichten der beiden Klassen ist nicht mehr zu erkennen. Werden zu viele Klassen gewählt, wird die Verteilung zu rau und sehr hohe Dichten (Spitzen) können sich zufällig ergeben.

Prinzipiell gibt es zwei Möglichkeiten, die Anzahl der Klassen zu wählen. Entweder man probiert verschiedene Klassenzahlen und entscheidet nach Augenschein, oder man versucht mittels formaler Kriterien eine optimale Anzahl zu berechnen.

Zur Illustration betrachten wir die Netto-Monatseinkommen in Westdeutschland in unserem ALLBUS-File, das in der Einleitung erläutert wurde. Dabei beschränken wir uns auf die $n = 1234$ Merk-

Tabelle 2.2: Klassierte Einkommensdaten in 1000 Euro

Klasse	von	bis	f_j	h_j	Klasse	von	bis	f_j	h_j
$\tilde{x}_1$	0	1	0.133	0.133	$\tilde{x}_6$	5	6	0.026	0.026
$\tilde{x}_2$	1	2	0.333	0.333	$\tilde{x}_7$	6	7	0.015	0.015
$\tilde{x}_3$	2	3	0.302	0.302	$\tilde{x}_8$	7	8	0.003	0.003
$\tilde{x}_4$	3	4	0.133	0.133	$\tilde{x}_9$	8	9	0.007	0.007
$\tilde{x}_5$	4	5	0.047	0.047	$\tilde{x}_{10}$	9	10	0.001	0.001

Tabelle 2.3: Klassierte Einkommensdaten in 1000 Euro

Klasse	von	bis	f_j	h_j	Klasse	von	bis	f_j	h_j
$\tilde{x}_1$	0.0	0.5	0.018	0.036	$\tilde{x}_6$	2.5	3.0	0.119	0.238
$\tilde{x}_2$	0.5	1.0	0.115	0.230	$\tilde{x}_7$	3.0	4.0	0.133	0.133
$\tilde{x}_3$	1.0	1.5	0.148	0.297	$\tilde{x}_8$	4.0	5.0	0.047	0.047
$\tilde{x}_4$	1.5	2.0	0.185	0.370	$\tilde{x}_9$	5.0	7.5	0.042	0.017
$\tilde{x}_5$	2.0	2.5	0.183	0.366	$\tilde{x}_{10}$	7.5	10.0	0.010	0.004

malswerte der Einkommensvariable von Personen aus Westdeutschland, die kleiner als 10,000 Euro sind, da sich so die Charakteristika der Verteilung der Einkommen unter 10,000 Euro besser erkennen lassen. Wählen wir $m = 10$ Klassen der Breite 1000 Euro, resultiert die Häufigkeitstabelle 2.2. Dabei ist $f_j = \mathrm{P}(X \in \tilde{x}_j)$ und $h_j = f_j/1$, da die Klassenbreite gerade 1 ist. R-2-2

Für die graphische Darstellung in Abbildung 2.2a werden die Höhen h_j verwendet, die gesamte Histogrammfläche ist dann $\sum_j h_j \cdot b_j = \sum_j f_j = 1$. R-2-3 Alternativ haben wir ein zweites Histogramm mit $m = 25$ Klassen gezeichnet (Abbildung 2.2b). Man sieht, dass bei diesem die Stelle der höchsten Verdichtung besser zu bestimmen ist, jedoch bei den oberen Klassen die Dichten zu- und abnehmen und die Verteilung etwas rau dargestellt wird.

Für eine dritte Variante des Histogramms (Abbildung 2.2c) bilden wir erneut $m = 10$ Klassen, wählen jedoch unterschiedliche Klassenbreiten. Wir wählen nun für die Einkommen unter 3000, eine Klassenbreite von 500, für die Einkommen zwischen 3000 und 5000 eine Klassenbreite von 1000 und abschließend zwei Klassen der Breite von 2500. Es resultiert die Häufigkeitstabelle 2.3. Die Höhen h_j der Säulen in der graphischen Darstellung ergeben sich wiederum dadurch, dass die Häufigkeit f_j durch die Breite der j.ten Klasse dividiert wird.

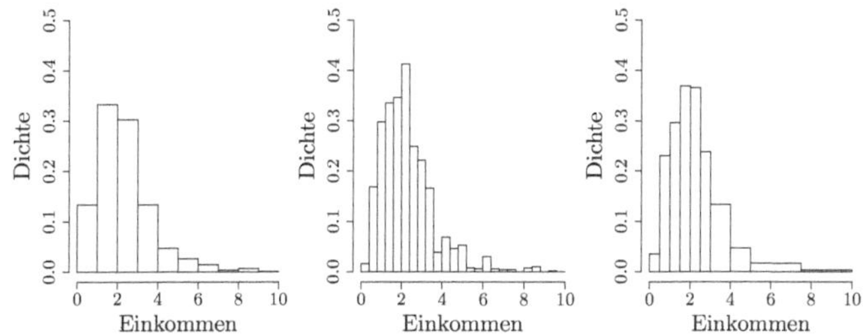

(a) 10 Klassen (b) 25 Klassen (c) 10 Klassen (variable Klassenbreite)

Abbildung 2.2: Auswirkungen unterschiedlicher Klassenbildung. Einkommen unter 10 Tsd. Euro (in Tsd. Euro).

2.2 Kerndichteschätzung

Eine exakte Dichtefunktion für eine Variable X ist eine (stückweise) stetige Funktion $f(x)$, die für beliebige Intervalle $[a,b]$ die Bedingung

$$\mathrm{P}(X \in [a,b]) = \int_a^b f(x)\,\mathrm{d}x$$

erfüllt. Für empirische Verteilungen begnügt man sich meistens mit Dichtefunktionen, die eine Approximation liefern, also

$$\mathrm{P}(X \in [a,b]) \approx \int_a^b \hat{f}(x)\,\mathrm{d}x.$$

Die Notation $\hat{f}(x)$ soll anzeigen, dass es sich um eine approximative Dichtefunktion handelt.

Auch Histogramme sind approximative Dichtefunktionen. In diesem Abschnitt besprechen wir Methoden der Kerndichteschätzung, mit denen stetige und mehr oder weniger glatte approximative Dichtefunktionen konstruiert werden können.

2.2.1 Die grundlegende Idee der Kerndichteschätzung

Methoden der Kerndichteschätzung verwenden zur Konstruktion von $\hat{f}(x)$ alle Werte von X, die in einer symmetrischen Umgebung von x liegen. Die Idee lässt sich so veranschaulichen: Auf jeden Wert x_i wird eine Kernfunktion (z. B. ein Rechteck oder ein Dreieck) mit der Fläche $1/n$ gestellt, und die Flächen werden abschließend vertikal aufsummiert. Abbildung 2.3 veranschaulicht das Vorgehen. Für $n = 5$ Einheiten liegen die x_i-Werte $2, 3, 3.3, 4.5$ und 7 vor. Wir wählen Dreiecke mit einer Grundbreite von 4. D.h. die Breite des Fensters, in welchem die darin liegenden Beobachtungen berücksichtigt werden, beträgt $b = 4$. Die Bandweite w ist die halbe Fensterbreite, also $w = 2$. Die Fläche der n Dreiecke insgesamt ist auf 1 normiert. Um jeweils eine Fläche von $1/n = 1/5 = 0.2$ zu haben, müssen die $n = 5$ Dreiecke eine Höhe von 0.1 haben, da $0.5 \cdot 4 \cdot 0.1 = 0.2$ (die Fläche ergibt sich als halbe Grundseite mal Höhe). Betrachten wir als Beispiel ein Dreieck auf dem Wert $x_2 = 3$, dessen Grundfläche von 1 bis 5 reicht, dann hat dieses Dreieck an der Stelle $x = 4$ eine Höhe von 0.05. Dies ist der Beitrag des Datenpunktes $x_2 = 3$ zur Dichte an dieser Stelle $x = 4$. R-2-4

2.2.2 Kernfunktionen

Die Dichte an der Stelle x, also $\hat{f}(x)$, lässt sich auch als eine Funktion der Abstände zwischen x und den x_i-Werten ausdrücken. Dafür definiert man zunächst eine so genannte Kernfunktion $K(u)$. Für einen Dreieck-Kern lautet diese Definition

$$K(u_i) = \begin{cases} 1 - |u_i| & \text{falls } |u_i| \leq 1 \\ 0 & \text{sonst,} \end{cases}$$

wobei

$$u_i = \frac{x - x_i}{w}.$$

Der Wert u_i gibt also den Abstand von x_i zu x in Einheiten der Bandweite w an. Wenn $x_i = x$ ist, liefert die Funktion den maximalen Wert 1. Mit zunehmendem Abstand zwischen x_i und x nimmt der Funktionswert linear ab. Liegt x_i z. B. eine halbe Bandweite von x entfernt, liefert die Funktion den Wert 0.5. Die

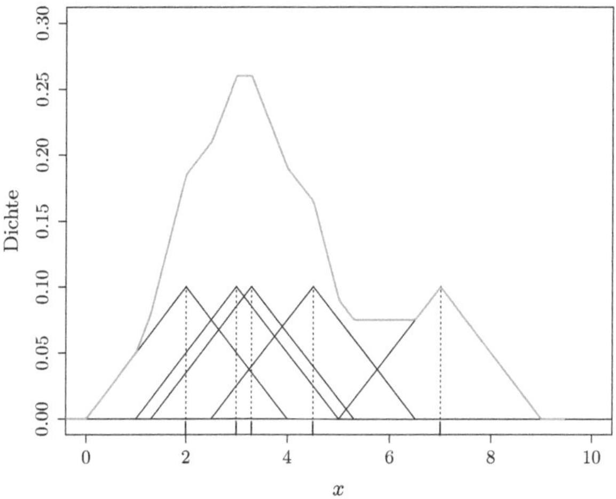

Abbildung 2.3: Idee des Kerndichteschätzers. Über jede Beobachtung des Zahlenbeispiels ist ein Dreieck-Kern gelegt. Der resultierende Kerndichteschätzer ist als graue Linie eingezeichnet.

Bandweite w gibt den maximalen Abstand der berücksichtigten Werte von x an.

Das Integral der Kernfunktion hat den Wert 1. Der Kerndichteschätzer kann also folgendermaßen definiert werden

$$\hat{f}(x) = \frac{1}{nw}\sum_{i=1}^{n} K(u_i) = \frac{1}{nw}\sum_{i=1}^{n} K\left(\frac{x - x_i}{w}\right).$$

Eine unterschiedliche Wahl von Kernfunktionen $K(u)$ führt zu unterschiedlichen Kerndichteschätzern (siehe Tabelle 2.4 und Abbildung 2.4). Nur bei Rechteck-Kernen (gleitenden Histogrammen) gehen die benachbarten x_i-Werte gleich gewichtet in die Bestimmung der Dichte ein. Bei anderen üblicherweise verwendeten Kernfunktionen, etwa dem dargestellten Dreieck-Kern, nimmt das Gewicht mit dem Abstand zu x ab.

Betrachten wir als Beispiel erneut den Datenpunkt $x_2 = 3$ und die Stelle $x = 4$. Als Kernfunktion wählen wir erneut den Dreieck-Kern. Wir erhalten $u_2 = (x - x_2)/w = (4 - 3)/2 = 0.5$. Der Wert der Kernfunktion ist dann $K(u_2) = 1 - |u_2| = 1 - 0.5 = 0.5$.

Tabelle 2.4: Definition alternativer Kernfunktionen

Kernfunktion	Definition
Rechteck-Kern	$K(u) = \begin{cases} 0.5 & \text{falls } \lvert u\rvert \leq 1, \\ 0 & \text{sonst} \end{cases}$
Dreieck-Kern	$K(u) = \begin{cases} 1 - \lvert u\rvert & \text{falls } \lvert u\rvert \leq 1, \\ 0 & \text{sonst} \end{cases}$
Normal-Kern	$K(u) = \frac{1}{\sqrt{2\pi}} \mathrm{e}^{-0.5u^2}$
Epanechnikov-Kern	$K(u) = \begin{cases} \frac{3}{4}(1 - u^2) & \text{falls } \lvert u\rvert \leq 1, \\ 0 & \text{sonst} \end{cases}$

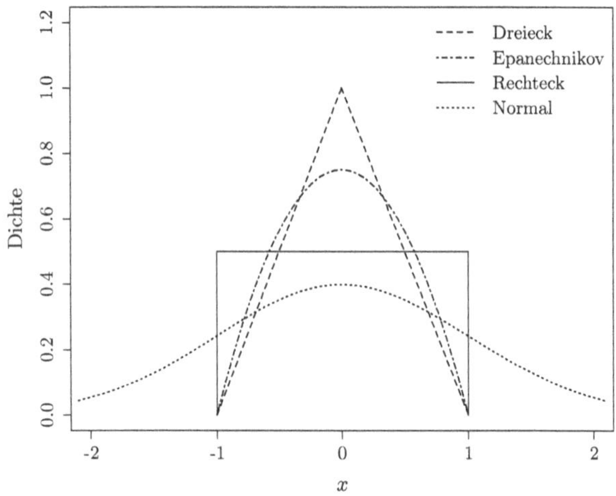

Abbildung 2.4: Verschiedene Kernfunktionen.

Die Normierung, d.h. die Division durch nw, führt dann zu dem Beitrag von x_2 zur Dichte an der Stelle $x = 4$ von $K(u_2)/(nw) = 0.5/(5 \cdot 2) = 0.05$. Die Kerndichte $f(x = 4)$ ergibt sich aus der Summation der Beiträge aller $n = 5$ x-Werte, von denen wir hier nur einen, den von $x_2 = 3$, zur Veranschaulichung ermittelt haben.

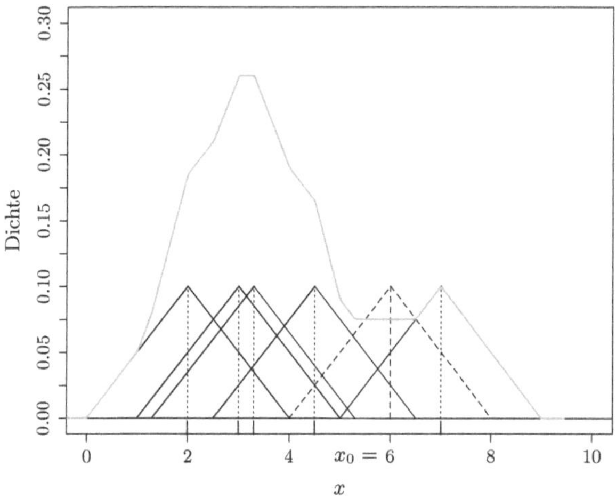

Abbildung 2.5: Darstellung von Stützstellen. Für die Stützstelle $x_0 = 6$ wird im Text vorgeführt, wie man die Höhe der Dichte für den Kerndichteschätzer berechnet.

2.2.3 Berechnung für Stützstellen

Eine Dichtefunktion $\hat{f}(x)$ ist für beliebige reelle Zahlenwerte definiert. Praktisch wird sie nur für eine endliche Anzahl beliebig gewählter Stützstellen berechnet. Dafür wird die oben angegebene Formel verwendet.

Zur Illustration verwenden wir erneut das in Abbildung 2.3 angegebene Beispiel. In diesem Beispiel hat die Dichtefunktion die Gestalt

$$\hat{f}(x) = \frac{1}{5 \cdot 2} \sum_{i=1}^{5} K\left(\frac{x - x_i}{2}\right) = \frac{1}{10} \sum_{i=1}^{5} \left(1 - \left|\frac{x - x_i}{2}\right|\right).$$

Z. B. für $x = 6$ findet man

$$\begin{aligned} \hat{f}(6) &= \frac{1}{10} \left[\left(1 - \left|\frac{6 - 4.5}{2}\right|\right) + \left(1 - \left|\frac{6 - 7}{2}\right|\right)\right] \\ &= \frac{1}{10} \left[\left(1 - \frac{1.5}{2}\right) + \left(1 - \frac{1}{2}\right)\right] = 0.075. \end{aligned}$$

2.2.4 Verfahren der Bandweitenwahl

Das Ergebnis ist weniger von der Wahl der Kernfunktion als von der gewählten Bandweite abhängig. Die Bandweiten können naiv gebildet werden, also durch einfache Variation und intuitive Beurteilung des Ergebnisses. Gesucht ist ein Kompromiss, so dass einerseits ein möglichst glatter Verlauf erreicht wird und andererseits noch alle wichtigen Charakteristika der Verteilung sichtbar sind.

Es gibt auch Ansätze zur Bestimmung einer optimalen Bandweite, die sich als Funktion bestimmter Stichprobenmaßzahlen ergibt. Dafür muß allerdings eine maßgebliche Dichtefunktion vorausgesetzt (angenommen) werden, die man nicht kennt. Oft wird eine Normalverteilung angenommen.

Wir begnügen uns damit, zwei gebräuchliche Regeln anzugeben. Eine Regel von Silverman schlägt die Bandweite

$$w = 0.9 \cdot \min\left(\sigma, (\tilde{x}_{0.75} - \tilde{x}_{0.25}) \cdot 1.34^{-1}\right) n^{-1/5}$$

vor, wobei σ und $\tilde{x}_{0.75} - \tilde{x}_{0.25}$ aus den Daten ermittelt werden.[1] Bei einer sehr ähnlichen Regel von Scott wird anstelle des Faktors 0.9 der Faktor 1.06 verwendet, so dass man eine etwas glattere Dichtefunktion erhält.

2.2.5 Auswirkung von Bandweiten- und Kernfunktionswahl

Die Auswirkungen der Wahl des Kerns lassen sich in einer Graphik veranschaulichen (Abbildung 2.6). Als Daten verwenden wir wieder die ALLBUS-Einkommensdaten bis 10,000 Euro. Die Bandweite wählen wir entsprechend der Regel von Silverman (s.o.).

Für einen Vergleich der Auswirkungen verschiedener Bandweiten wählen wir einen Dreieck-Kern (vgl. Abbildung 2.7).[2]

---

[1] Die Symbole $\sigma, \tilde{x}_{0.25}$ und $\tilde{x}_{0.75}$ bezeichnen die Standardabweichung, das 25 %- und das 75 %-Quantil. Vergleiche hierzu Kapitel 3.

[2] In R können mit der Funktion `density()` Kerndichten berechnet werden. Beim Aufruf der Funktion kann mit dem Argument *bw* die Bandweite festgelegt werden. Zu beachten ist, dass diese Bandweite die Bandweite in Einheiten der Standardabweichung σ der Kernfunktion ($\sigma = \sqrt{1/6}$ im Falle des Dreieck-Kerns) angibt. D.h. in unserer Notation mit w für die Bandweite ergibt sich die R-Bandweite bw als $bw = w \cdot \sigma$.

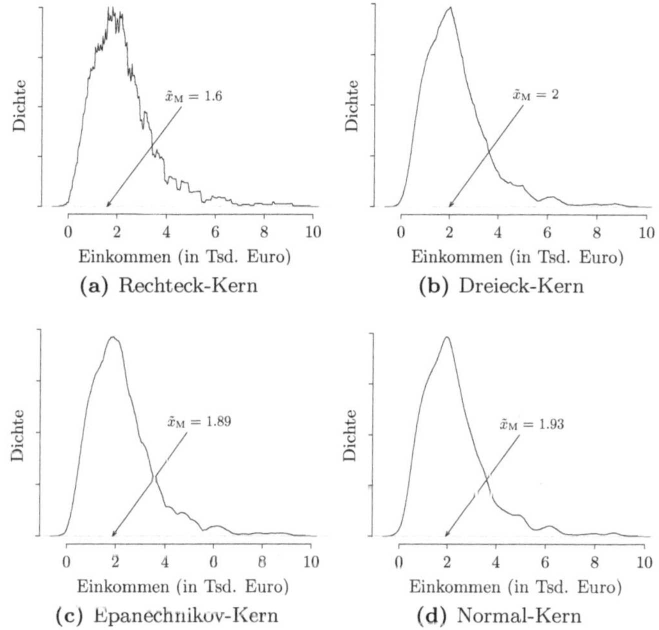

(a) Rechteck-Kern (b) Dreieck-Kern (c) Epanechnikov-Kern (d) Normal-Kern

Abbildung 2.6: Auswirkungen der Wahl des Kernes. Einkommen unter 10 Tsd. Euro (in Tsd. Euro). Bandweite nach der Regel von Silverman.

Es ist ersichtlich, dass die Wahl der Bandweite im Vergleich zur Wahl der Kernfunktion die geschätzten Kerndichten weit stärker beeinflusst.

2.2.6 Bestimmung des Modus

Der Modus $\tilde{x}_M$ einer Dichtefunktion $\hat{f}(x)$, auch dichtester Wert genannt, ist derjenige x-Wert, bei dem die Dichtefunktion den höchsten Wert hat.[3] Da die berechnete Dichte sowohl von der gewählten Kernfunktion als auch von der gewählten Bandweite abhängt, ist auch die numerische Bestimmung des Modus davon

[3] Vergleiche auch Abschnitt 3.3.1.

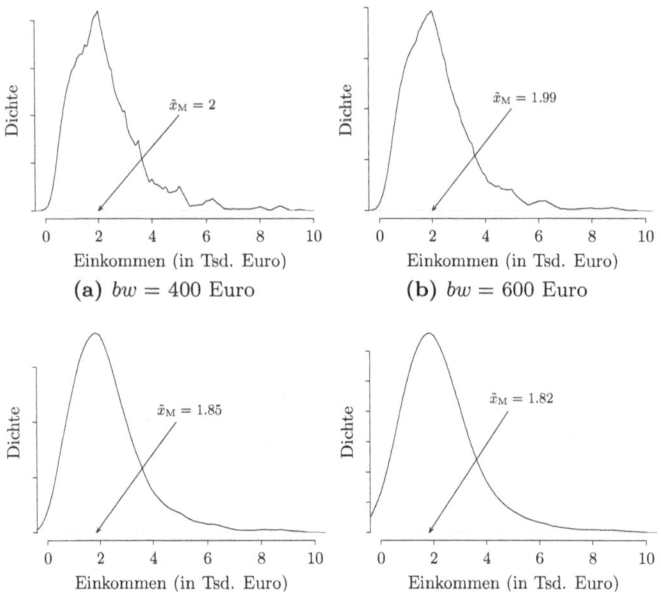

(a) $bw = 400$ Euro (b) $bw = 600$ Euro (c) $bw = 1000$ Euro (d) $bw = 1500$ Euro

Abbildung 2.7: Auswirkungen der Wahl der Bandweite. Einkommen unter 10 Tsd. Euro (in Tsd. Euro). Jeweils mit Dreieck-Kern.

abhängig. Als Beispiel verwenden wir eine Kerndichteschätzung mit Normalkern und automatisch gewählter Bandweite nach der Regel von Silverman (vgl. die Darstellung in Abbildung 2.6). In diesem Fall resultiert $\tilde{x}_M = 1.93$. In den Abbildungen 2.6 und 2.7 sind jeweils die aus der Wahl von Kernfunktion und Bandweite resultierenden Modalwerte eingetragen. R-2-5

2.3 Aufgaben

1. Betrachten Sie die beiden folgenden Darstellungen der ALLBUS-Einkommensverteilung mit Hilfe eines Histogramms und mit Hilfe einer Kerndichteschätzung. Zur Verbesserung der Übersichtlichkeit werden nur Einkommen bis 10,000 Euro betrachtet. Welches sind die Vor- und Nachteile der beiden Darstellungsweisen?

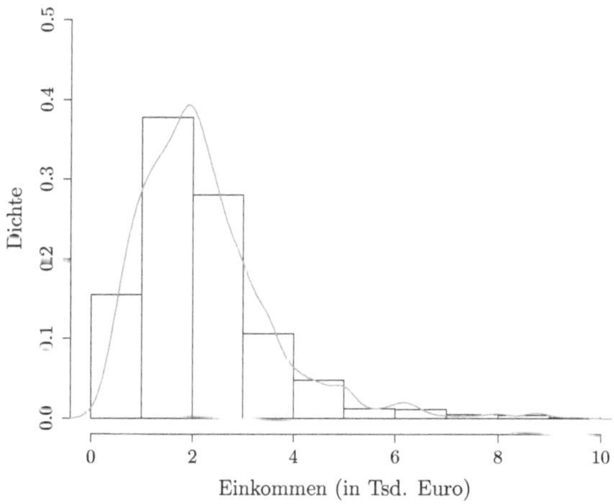

Vergleich von Histogramm und Kerndichteschätzung.

2. Gehen Sie von folgenden Werten aus: $1, 5, 6, 6, 8$, und berechnen Sie für die Stützstelle $x = 4.5$ die Kerndichte bei einer Bandweite von $w = 3$ und einem Rechteck-Kern.

3. Berechnen Sie für die Stützstelle $x = 4.5$ und die Bandweite $w = 3$ die Kerndichte auch mit (a) einem Dreieck-Kern und (b) einem Normalkern.

4. Berechnen Sie mit einem Dreieck-Kern für die Stützstelle $x = 4.5$ die Kerndichte mit den Bandweiten (a) $w = 2.5$ und (b) $w = 3.5$.

2.4 R-Code

R-2-1

```
# Histogramm - Zahlenbeispiel
x <- c(1,3,5,5,5,6,8,8,8,8,8,10,10,10,11,12,12,14,17,19)
n <- length(x)
# Klassengrenzen
breaks1 <- c(0,3,7,13,20)
# Anzahl an Grenzen
b <- length(breaks1)
# Beobachtungen in Klassen einteilen
lc <- cut(x = x, breaks = breaks1, right = FALSE)
# Klassenuntergrenzen
cu <- breaks1[-b]
# Klassenobergrenzen
co <- breaks1[-1]
# Dichten
bj <- co-cu
fj <- table(lc) / n
hj <- fj / bj

# Histogramm (4 Klassen)
hist(x = x, breaks = breaks1, prob = TRUE,
     right = FALSE, xlim = c(0,20), ylim = c(0,0.1),
     xlab = "x", ylab = "Dichte")
```

R-2-2

```
## Daten einlesen
d <- read.csv2(file = "allbus2018.csv", stringsAsFactors = FALSE)
d <- d[d$ostwest==0,]
# Einkommen in Vektor e speichern
e <- d$einkommen/1000
## Nur Eink. < 10000 Euro
w <- e[e < 10]
# Anzahl an Eink. < 10000 Euro
n <- length(w)
n
# Klassengrenzen
breaks1 <- seq(from = 0, to = 10, by = 1)
# Anzahl an Grenzen
b <- length(breaks1)
# Beobachtungen (Einkommen) in Klassen einteilen
lc <- cut(x = w, breaks = breaks1, right = FALSE)
# Klassenuntergrenzen
cu <- breaks1[-b]
# Klassenobergrenzen
co <- breaks1[-1]
# relative Klassenhäufigkeiten
fj <- table(lc) / n
fj
```

```
# Dichten
bj <- co - cu
hj <- fj / bj
hj

# zu 1 normierte Dichte
sum(hj*1)
```

R-2-3

```
# Histogramm (10 Klassen gleicher Breite)
hist(x = w, breaks = breaks1, prob = TRUE,
     right = FALSE, xlim = c(0,10), ylim = c(0,0.4),
     xlab = "Monatseinkommen in 1000 Euro", ylab = "Dichte")
```

R-2-4 (Siehe hier auch die Fußnote auf Seite 38)

```
# Vektor mit Beispielwerten erstellen
x <- c(2,3,3.3,4.5,7)
## Kerndichte mit Dreieck-Kern darstellen
# Bandweite (w = b/2)
bw <- 2
# Stad.abw. des Dreieck-Kerns
s <- sqrt(1/6)
# Darstellung
plot(density(x = x, kernel = "triangular", bw = bw*s))
# Alternativ mit automatischer Wahl der Bandweite
plot(density(x = x, kernel = "triangular"))
```

R-2-5

```
## Objekt der Klasse 'density'
# um den Modus genauer zu bestimmen wird hier die Anzahl an Punkten an
# denen die Dichte geschätzt wird erhöht auf 1024
dn <- density(x = w, kernel = "gaussian", n = 2*512)
# Modus
xM <- dn$x[dn$y == max(dn$y)]
xM
```

3

Charakterisierungen von Häufigkeitsverteilungen

In diesem Kapitel besprechen wir Methoden und unterschiedliche Maßzahlen, mit denen die Häufigkeitsverteilung einer Variablen beschrieben werden kann.

3.1 Verteilungsfunktion

Wir beziehen uns auf eine Variable X mit Werten $x_1, \ldots, x_n$ für n Einheiten. Die Verteilung von X wird zunächst durch die Häufigkeitsfunktion $\mathrm{P}(X = x)$ beschrieben, wobei x irgendein möglicher Wert von X ist (vgl. Abschnitt 1.2.3). Nun fragen wir, welcher Anteil an den Einheiten einen Merkmalswert aufweist, der nicht größer ist als irgendein vorgegebener x-Wert. Die Frage wird durch die Funktion

$$F(x) = \mathrm{P}(X \leq x)$$

beantwortet, die als Verteilungsfunktion von X bezeichnet wird.

Als einfaches Zahlenbeispiel nehmen wir an, dass es $n = 8$ Einheiten mit den Werten

$$x_1 = 1, x_2 = 2, x_3 = 2, x_4 = 4, x_5 = 4, x_6 = 4, x_7 = 7, x_8 = 16$$

gibt. Man findet:

x	$\mathrm{P}(X = x)$	$F(x)$
1	1/8	1/8
2	2/8	3/8
4	3/8	6/8
7	1/8	7/8
16	1/8	8/8

Die Häufigkeits- und die Verteilungsfunktion werden in der Graphik 3.1 dargestellt. Man beachte, dass die Verteilungsfunktion nicht nur für die jeweils vorkommenden x-Werte, sondern für alle reellen Zahlen definiert ist. Es handelt sich um eine Treppenfunktion mit Sprungstellen an den vorkommenden Merkmalsausprägungen. Die Höhen der Sprungstellen entsprechen dabei gerade den jeweiligen Häufigkeiten. Offenbar hat die Verteilungsfunktion bei allen x-Werten, die kleiner als der kleinste x_i-Wert sind, den Wert 0; und sie hat den Wert 1 bei allen x-Werten, die größer oder gleich dem größten x_i-Wert sind. R-3-1

Für eine weitere Illustration verwenden wir die Einkommensangaben im ALLBUS-File (West), wobei wir uns auf $n = 1234$ Personen beschränken, deren Einkommen kleiner als 10,000 Euro

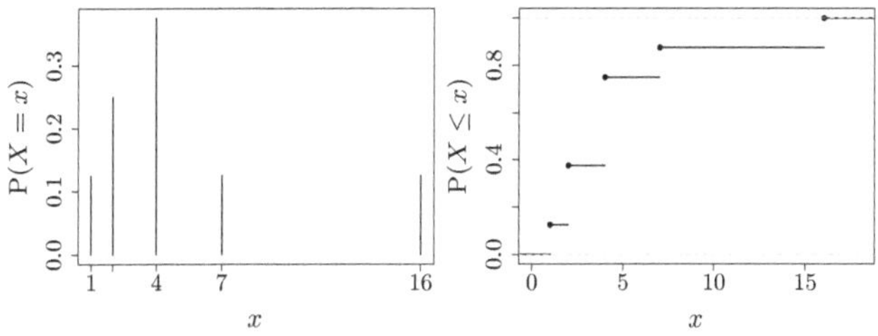

(a) Relative Häufigkeiten (b) Verteilungsfunktion

Abbildung 3.1: Relative Häufigkeiten und Verteilungsfunktion für das Zahlenbeispiel.

ist. Zur approximativen Beschreibung der Einkommensverteilung verwenden wir eine Dichtefunktion $\hat{f}(x)$, die mit der Methode der Kerndichteschätzung (hier mit einem Normalkern und einer automatisch gewählten Bandweite nach der Regel von Silverman) ermittelt wird.

Die Graphik 3.2 zeigt auf der linken Seite diese Dichtefunktion. Auf der rechten Seite wird die daraus abgeleitete approximative Verteilungsfunktion

$$\hat{F}(x) = \int_{-\infty}^{x} \hat{f}(u)\,\mathrm{d}u$$

gezeigt. Die Dichtefunktion hat ihr Maximum an der Stelle 1929 Euro. In diesem Bereich weist die Verteilungsfunktion die höchste Steigung auf. Ab 5000 Euro finden sich nur noch recht geringe Dichten, entsprechend verläuft die Verteilungsfunktion rechts davon relativ flach. R-3-2

3.2 Quantilsfunktion

Während wir bei der Verteilungsfunktion von einem bestimmten x-Wert ausgehen und fragen, welcher Anteil der Daten eine höchstens so große Ausprägung aufweist, wird bei der Quantilsfunktion die Blickrichtung umgedreht. Wir gehen von einem Anteilswert p aus, der zwischen 0 und 1 liegt, und fragen: welches ist der kleinste x-Wert für den die Verteilungsfunktion mindestens den

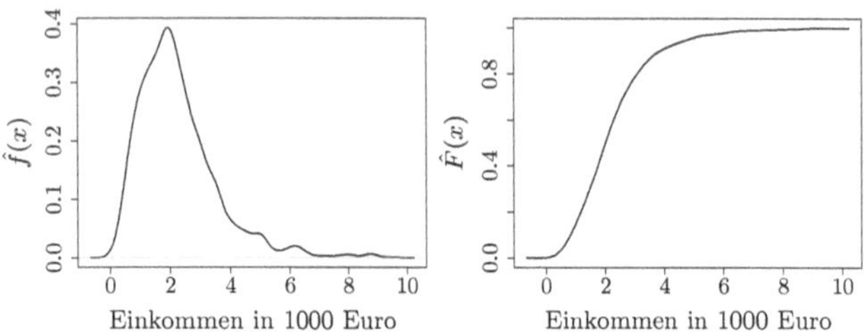

(a) Dichtefunktion **(b)** Verteilungsfunktion

Abbildung 3.2: Dichtefunktion (links) und Verteilungsfunktion (rechts) der Einkommen (in Tsd. Euro.)

Wert p aufweist, so dass also der Anteil der Einheiten mit $x_i \leq x$ mindestens p ist. Wir verwenden die Definition

$$Q(p) = \min \{x \mid F(x) \geq p\},$$

die als Quantilsfunktion bezeichnet wird. Wenn die Verteilungsfunktion eine Treppenfunktion ist, führt diese Definition dazu, dass nur vorkommende Merkmalsausprägungen als Quantilswerte erscheinen können.

Wir bezeichnen Quantilswerte durch $\tilde{x}_p$. Eine alternative Definition geht unmittelbar von den aufsteigend sortierten x_i-Werten aus:

$$\tilde{x}_p = \begin{cases} x_{np} & \text{falls } np \text{ ganzzahlig,} \\ x_{[np]+1} & \text{sonst.} \end{cases}$$

Die eckigen Klammern im Index ($[np]$) bedeuten, dass np auf die nächste Ganzzahl abgerundet wird.

Zur Illustration verwenden wir wieder das Zahlenbeispiel aus dem vorangegangenen Abschnitt. Gesucht ist der Quantilswert für $p = 0.5$, der auch als Median oder Zentralwert bezeichnet wird. Mit der ersten Definition finden wir den Wert 4, denn $F(2) = 3/8 < 0.5$ und $F(4) = 6/8 \geq 0.5$. Mit der zweiten Definition finden wir $n\,p = 8 \cdot 0.5 = 4$, und somit hat der Median ebenfalls den Wert $x_4 = 4$.

Wenn die Verteilungsfunktion eine Treppenfunktion ist, wie in diesem Beispiel, ist auch die Quantilsfunktion eine Treppenfunktion.

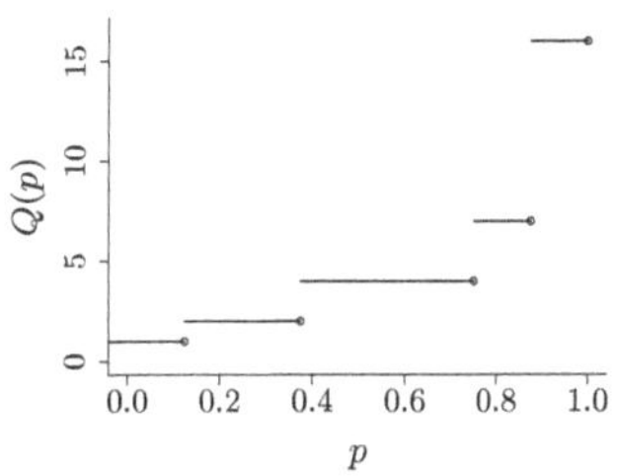

(a) Zahlenbeispiel

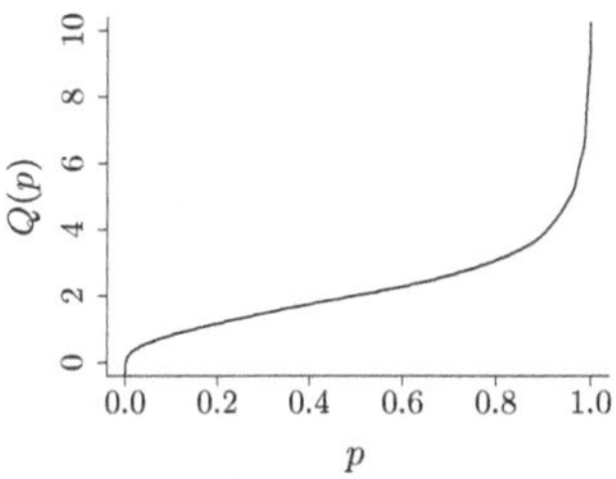

(b) Einkommen

Abbildung 3.3: Quantilsfunktion Zahlenbeispiel und Quantilsfunktion der Einkommen.

Das wird in der linken Hälfte von Abbildung 3.3 illustriert. Anders verhält es sich, wenn die Verteilungsfunktion stetig und streng monoton steigend ist. In diesem Fall kann man die Quantilsfunktion als Umkehrfunktion der Verteilungsfunktion definieren. Zur Illustration verwenden wir die im vorangegangenen Abschnitt erläuterte Verteilungsfunktion $\hat{F}(x)$ für die Einkommensdaten im ALLBUS-File. Die daraus gebildete Quantilsfunktion $\hat{Q}(p) = \hat{F}^{-1}(p)$ wird in der rechten Hälfte von Abbildung 3.3 illustriert.

Natürlich könnte man auch in diesem Beispiel die zweite der obigen Definitionen verwenden. Die $n = 1234$ Einkommenswerte im ALLBUS-File (West), die kleiner als 10,000 Euro sind, werden zunächst aufsteigend sortiert. Dann nimmt man den Wert an der mittleren Stelle $n\,p = 1234 \cdot 0.5 = 617$, der 2 Tsd. Euro beträgt. R-3-3

3.3 Maßzahlen

Maßzahlen dienen der Charakterisierung von Häufigkeitsverteilungen. Die Kenntnis einiger wichtiger Maßzahlen erlaubt es, auch ohne graphische Darstellung, eine Vorstellung der Verteilung zu erlangen. Wir betrachten im Folgenden Maßzahlen des Niveaus, der Streuung, der Schiefe und der Wölbung. Denken wir an die Einkommen, dann sollen diese Maßzahlen einen Eindruck davon vermitteln, wie hoch die Einkommen sind (Niveau), wie unterschiedlich die Einkommen sind (Streuung), wie asymmetrisch die Einkommensverteilung ist (Schiefe), und ob sich bei starker Konzentration der Werte im Zentrum der Verteilung nach oben und unten sehr große Abweichungen finden (Wölbung). Wie bisher beziehen wir uns auf eine Variable X mit Werten $x_1, \ldots, x_n$ für n Einheiten.

3.3.1 Lagemaße

Der Modus (dichtester Wert) ist bei einem diskreten Merkmal der am häufigsten vorkommende Wert. So finden wir z.B. für das Alter der Personen in Westdeutschland in unserem Beispieldatensatz, dass das Alter 51 am häufigsten vorkommt. Bei stetigem Merkmal bezeichnet der Modus die Stelle der höchsten Dichte. Mit Hilfe eines Histogramms kann näherungsweise die Mitte der Klasse mit der höchsten Dichte als Wert für den Modus gewählt werden. Alternativ kann bei Verwendung einer geschätzten Kerndichte die Stelle mit der höchsten Dichte gewählt werden. Offenkundig hängt der genaue numerische Wert somit von der Wahl der Klassengrenzen bzw. der Wahl der Kernfunktion und der Bandweite ab. Die Ermittlung des dichtesten Wertes mit Hilfe einer Kerndichteschätzung wurde bereits in Abschnitt 2.2.6 besprochen.

Der Zentralwert (Median) wurde bereits im vorigen Abschnitt erläutert. In diesem Abschnitt werden nur das arithmetische Mittel, das geometrische Mittel und das harmonische Mittel betrachtet, jeweils in der ungewichteten und der gewichteten Form.

Arithmetisches Mittel

Das arithmetische Mittel in der ungewichteten Form wird folgendermaßen definiert:

$$\bar{x} = \frac{1}{n} \sum_{i=1}^{n} x_i.$$

Mit dem Zahlenbeispiel aus Abschnitt 3.1 findet man

$$\bar{x} = \frac{1}{8}(1 + 2 + 2 + 4 + 4 + 4 + 7 + 16) = 5.$$

In der gewichteten Form verwendet man die vorkommenden Merkmalswerte $\tilde{x}_j$ ($j = 1, \ldots, J$) und ihre Häufigkeiten $f_j = \mathrm{P}(X = \tilde{x}_j)$; die Definition lautet dann

$$\bar{x} = \sum_{j=1}^{J} \tilde{x}_j f_j.$$

Mit dem Zahlenbeispiel findet man den gleichen Wert

$$\bar{x} = 1 \cdot 1/8 + 2 \cdot 2/8 + 4 \cdot 3/8 + 7 \cdot 1/8 + 16 \cdot 1/8 = 5.$$

Das arithmetische Mittel, auch Durchschnitt genannt, ist der gebräuchlichste Mittelwert. Es kann einen Wert annehmen, der in den Daten nicht vorkommt (z. B. wenn man im obigen Beispiel einen Wert $x_9 = 1$ hinzufügt). Zudem hängt es sehr stark von extremen Merkmalswerten (sog. Ausreißern) ab. Zum Beispiel findet man für die $n = 1238$ Personen im ALLBUS-File (West) das Durchschnittseinkommen 2284.65 Euro. Würde eine weitere Person mit einem Einkommen von einer Milliarde Euro hinzukommen, würde das Durchschnittseinkommen 809,385.31 Euro betragen. R-3-4

Andererseits hat das arithmetische Mittel jedoch zwei Eigenschaften, die in vielen Zusammenhängen sehr nützlich sind. Zunächst die sog. Nulleigenschaft:

$$\frac{1}{n} \sum_{i=1}^{n} (x_i - \bar{x}) = 0.$$

Dies bedeutet, dass die Summe der Abstände aller Werte vom arithmetischen Mittel 0 ist. Das arithmetische Mittel besitzt zudem die Minimumeigenschaft: Die Summe der quadrierten Abstände aller Werte vom arithmetischen Mittel ist kleiner als von jedem anderen Wert. Das sieht man, indem man die Funktion

$$S(a) = \sum_{i=1}^{n} (x_i - a)^2$$

betrachtet. Um ihr Minimum zu bestimmen, wird die Ableitung nach a, also

$$\frac{\partial S(a)}{\partial a} = 2 \sum_{i=1}^{n} (x_i - a)(-1)$$

verwendet. Sie nimmt den Wert 0 gerade dann an, wenn man für a den Mittelwert $\bar{x}$ einsetzt.

Harmonisches Mittel

Das harmonische Mittel wird durch

$$\bar{x}_{\mathrm{H}} = \frac{1}{\frac{1}{n}\sum_{i=1}^{n}\frac{1}{x_i}} = \frac{1}{\sum_{j=1}^{J}\frac{1}{\tilde{x}_j}f_j}$$

definiert (zunächst in der ungewichteten, dann in der mit Häufigkeiten gewichteten Form). Es ist das reziproke arithmetische Mittel der reziproken Merkmalswerte. In unserem Zahlenbeispiel finden wir

$$\bar{x}_{\mathrm{H}} = \frac{1}{\frac{1}{8}\left(\frac{1}{1}+\frac{1}{2}+\frac{1}{2}+\frac{1}{4}+\frac{1}{4}+\frac{1}{4}+\frac{1}{7}+\frac{1}{16}\right)} = 2.7069.$$

Für die $n = 1238$ Einkommenswerte im ALLBUS-File (West) findet man $\bar{x}_{\mathrm{H}} = 1553.68$ Euro. R-3-5

Das harmonische Mittel wird meist nur als vereinfachtes Rechenprogramm für das arithmetische Mittel verwendet, wenn die Gewichte aus dem Zähler der Merkmalsausprägung stammen (z. B. Geschwindigkeit mit der Dimension km/h und Gewichte in km). Ein anschauliches Beispiel: Sie radeln einen Berg 5 km lang mit 10 km/h hinauf und 5 km lang mit 40 km/h hinunter. Ihre Durchschnittsgeschwindigkeit beträgt dann nur 16 km/h, da

$$\frac{10}{\frac{1}{10}\cdot 5 + \frac{1}{40}\cdot 5} = 10\cdot\frac{30}{37.5} + 40\cdot\frac{7.5}{37.5} = 16.$$

Sie fahren daher 80 % der Zeit (d.h. 30 der insgesamt 37.5 Minuten) bergauf.

Geometrisches Mittel

Das geometrische Mittel

$$\bar{x}_{\mathrm{G}} = \left(\prod_{i=1}^{n} x_i\right)^{\frac{1}{n}} = \prod_{j=1}^{J}\tilde{x}_j^{f_j}$$

wird verwendet, wenn es sich um *multiplikative Verknüpfungen*, z. B. relatives Wachstum handelt. Zum Beispiel wird das geometrische Mittel oft zur Berechnung mittlerer Veränderungsraten verwendet. Hier ist darauf zu achten, dass Vervielfachungskoeffizienten als x-Werte in die Rechenvorschrift eingehen müssen.

Nehmen wir an, eine Bankeinlage verzinst sich drei Jahre lang mit 1 % und zwei Jahre lang mit 3 %. Dann zeigt

$$\bar{x}_{\mathrm{G}} = (1.01 \cdot 1.01 \cdot 1.01 \cdot 1.03 \cdot 1.03)^{\frac{1}{5}} = 1.01^{\frac{3}{5}} \cdot 1.03^{\frac{2}{5}} = 1.018,$$

dass die Verzinsung im Mittel über die 5 Jahre 1.8 % beträgt.

3.3.2 Streuungsmaße

Streuungsmaße sollen darüber Auskunft geben, in welchem Ausmaß sich die Werte einer Variablen unterscheiden, bzw. von einem Mittelwert der Variablen abweichen.

Quartilsabstand

Als Streuungsmaß zum Zentralwert (Median) wird üblicherweise der Quartilsabstand QA verwendet, der die Differenz zwischen dem 0.75-Quantil (3. Quartil) und dem 0.25-Quantil (1. Quartil) angibt.

In unserem Zahlenbeispiel findet man für die acht x_i-Werte: QA $= 4 - 2 = 2$. Für die $n = 1238$ Einkommenswerte im ALLBUS-File (West) findet man

$$\mathrm{QA} = 2875 - 1313 = 1562 \text{ Euro.}$$

D.h. in einem Einkommensintervall der Breite 1562 Euro befinden sich die mittleren 50 % der Einkommenswerte. R-3-6

Mittlere absolute Abweichung

Die mittlere absolute Abweichung wird durch

$$\mathrm{MA} = \frac{1}{n} \sum_{i=1}^{n} |x_i - \bar{x}|$$

definiert. Bei dieser Definition werden die Abweichungen vom arithmetischen Mittel verwendet. Stattdessen können auch Abweichungen vom Zentralwert (Median) verwendet werden. Für unser Zahlenbeispiel mit dem Zentralwert 4 findet man dann: MA = 2.75. R-3-7

Varianz und Standardabweichung

Die zwei gebräuchlichsten Streuungsmaße sind die Standardabweichung und deren Quadrat, die Varianz. Die Varianz ist der Mittelwert der quadrierten Abweichungen der x_i-Werte vom arithmetischen Mittel

$$\sigma^2 = \frac{1}{n}\sum_{i=1}^{n}(x_i - \bar{x})^2 = \sum_{j=1}^{J}(\tilde{x}_j - \bar{x})^2 f_j.$$

Wird die Variable X additiv um eine Konstante verändert, bleibt ihre Varianz unverändert

$$\frac{1}{n}\sum_{i=1}^{n}((x_i + a) - (\bar{x} + a))^2 = \sigma^2.$$

Wird die Variablen X mit einer Konstanten multipliziert, verändert sich die Varianz um den quadrierten Wert der Konstanten

$$\frac{1}{n}\sum_{i=1}^{n}(ax_i - a\bar{x})^2 = a^2\,\sigma^2.$$

Die folgende Umformung (der sog. Verschiebungssatz) ist für die Berechnung hilfreich

$$\sigma^2 = \frac{1}{n}\sum_{i=1}^{n} x_i^2 - \bar{x}^2$$

Für unser Zahlenbeispiel mit $\bar{x} = 5$ finden wir

$$\sigma^2 = \frac{362}{8} - 25 = 45.25 - 25 = 20.25.$$

Die Standardabweichung ist die Quadratwurzel der Varianz

$$\sigma = \sqrt{\sigma^2}.$$

Für das Zahlenbeispiel finden wir $\sigma = \sqrt{20.25} = 4.5$.

Für die $n = 1238$ Einkommenswerte im ALLBUS-File (West) findet man die Standardabweichung $\sigma = 1462.06$ Euro. R-3-8

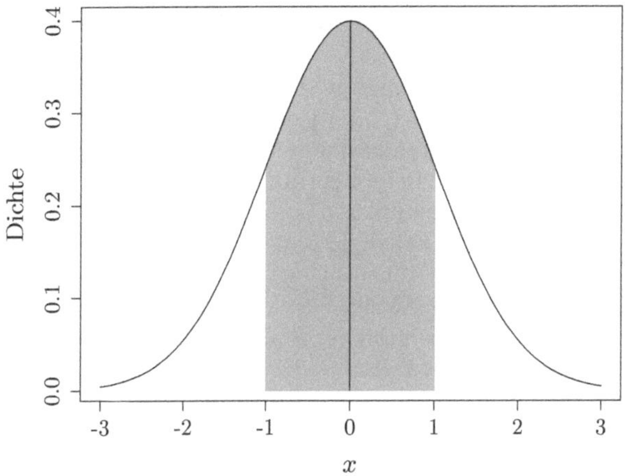

Abbildung 3.4: Veranschaulichung der Standardabweichung bei der Standardnormalverteilung

Der deskriptive Gehalt der Standardabweichung ist gering. Eine besondere Bedeutung hat die Standardabweichung bei symmetrischen Verteilungen, insbesondere bei der Normalverteilung. In Abbildung 3.4 ist die Standardnormalverteilung dargestellt. Der zentrale Bereich der Verteilung (grau hevorgehoben) mit einer Breite von zwei Standardabweichungen hat eine Fläche von 68.27 %.

3.3.3 Schiefe- und Wölbungsmaße

Schiefemaße und Wölbungsmaße sollen neben den Lage- und Streuungsmaßen in komprimierter Weise Auskunft über die Gestalt der Häufigkeitsverteilung geben. Je stärker eine Verteilung von einer symmetrischen Verteilung abweicht, desto deutlicher sollte sich dies in den Schiefemaßen widerspiegeln. Wölbungsmaße sollen darüber Auskunft geben, ob eine Verteilung eher flach (platykurtisch) oder eher steil aufgewölbt ist (leptokurtisch).

Die gebräuchlichen Schiefe- und Wölbungsmaße beruhen auf Zentralmomenten. Das k-te Zentralmoment

$$\mu_k = \frac{1}{n} \sum_{i=1}^{n} (x_i - \bar{x})^k$$

ist definiert als Mittelwert der zur k-ten Potenz erhobenen Abweichungen vom Mittelwert. Mit der Varianz (σ^2) haben wir das zweite Zentralmoment bereits kennengelernt, d.h. $\sigma^2 = \mu_2$. Als Schiefemaß zum arithmetischen Mittel wird oft das Verhältnis von drittem Zentralmoment zur Standardabweichung in der dritten Potenz verwendet (skewness). Beim Zentralmoment bleibt durch Bildung der dritten Potenz zum einen das Vorzeichen der Abweichungen erhalten, zum anderen erhalten wenige große Abweichungen gegenüber vielen kleinen ein höheres Gewicht. Dies führt dazu, dass bei einer linkssteilen bzw. rechtsflachen Verteilung - auch rechtsschiefe Verteilung genannt - die positiven Summanden überwiegen und entsprechend ein positiver Wert des Schiefemaßes resultiert. Weil das dritte Zentralmoment ins Verhältnis zur dritten Potenz der Standardabweichung gesetzt wird, erfolgt eine Relativierung der Schiefe bezüglich der Streuung der Variable X. Somit ist die Maßzahl streuungsunabhängig und dadurch leichter zu interpretieren.

Das Schiefemaß lässt sich folgendermaßen berechnen

$$\frac{\mu_3}{\sigma^3} = \frac{1}{n}\sum_{i=1}^{n}\left(\frac{x_i - \bar{x}}{\sigma}\right)^3 = \frac{\frac{1}{n}\sum_{i=1}^{n}(x_i - \bar{x})^3}{\left(\sqrt{\frac{1}{n}\sum_{i=1}^{n}(x_i - \bar{x})^2}\right)^3}.$$

Für unser kleines Zahlenbeispiel mit 8 Werten und $\bar{x} = 5$ finden wir für das dritte Zentralmoment μ_3

$$\begin{aligned}\mu_3 &= \frac{1}{8}\begin{pmatrix} (1-5)^3 + (2-5)^3 + (2-5)^3 + (4-5)^3 \\ +(4-5)^3 + (4-5)^3 + (7-5)^3 + (16-5)^3 \end{pmatrix} \\ &= \frac{1218}{8} = 152.25.\end{aligned}$$

Und damit unter Verwendung der bereits berechneten Standardabweichung ($\sigma = 4.5$)

$$\frac{\mu_3}{\sigma^3} = \frac{152.25}{4.5^3} = \frac{152.25}{91.125} = 1.6708.$$

Für unsere $n = 1238$ Einkommenswerte finden wir $\mu_3/\sigma^3 = 2.65$ Euro. Da das Schiefemaß in beiden Fällen positiv ist, deutet dies jeweils auf eine rechtsschiefe Verteilung hin. Offenkundig liegen rechts vom arithmetischen Mittel besonders große Abweichungen.

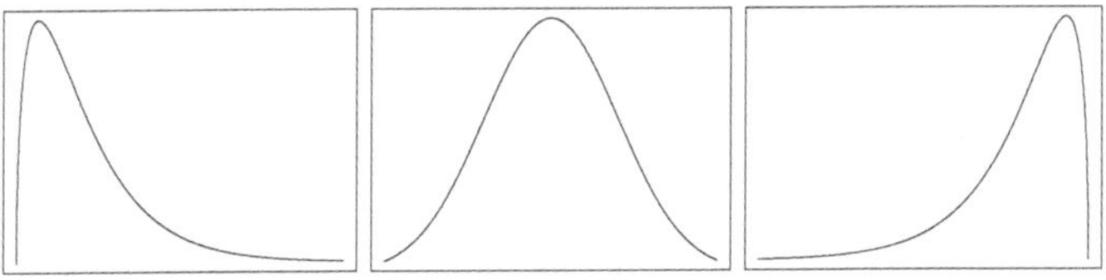

(a) linkssteil (b) symmetrisch (c) rechtssteil

Abbildung 3.5: Verteilungen: Symmetrie und Schiefe.

Ein negativer Wert würde darauf hindeuten, dass links vom arithmetischen Mittel große Abweichungen liegen und es sich um eine linksschiefe Verteilung handelt. Da das Schiefemaß nicht auf einen Wertebereich normiert ist, ist eine genaue Aussage über den Grad der Schiefe schwierig. R-3-9

Auch die Abfolge der drei Lagemaße Modus ($\tilde{x}_{\mathrm{M}}$), Zentralwert ($\tilde{x}_{0.5}$) und arithmetisches Mittel ($\bar{x}$) gibt einen Hinweis auf die vorliegende Schiefe. Bei rechtsschiefen Verteilungen findet man üblicherweise $\tilde{x}_{\mathrm{M}} < \tilde{x}_{0.5} < \bar{x}$.

Grafik 3.5 zeigt eine linkssteile (rechtsschiefe), eine symmetrische und eine rechtssteile (linksschiefe) Verteilung.

Die Kurtosis

$$\frac{\mu_4}{\sigma^4} - 3 = \frac{1}{n}\sum_{i=1}^{n}\left(\frac{x_i - \bar{x}}{\sigma}\right)^4 - 3 = \frac{\frac{1}{n}\sum\limits_{i=1}^{n}(x_i - \bar{x})^4}{\left(\sqrt{\frac{1}{n}\sum\limits_{i=1}^{n}(x_i - \bar{x})^2}\right)^4} - 3$$

stellt ein Maß der Wölbung der Verteilung dar, das auf dem vierten Zentralmoment beruht. Durch die vierte Potenz erhalten wenige große Abweichungen ein deutlich stärkeres Gewicht als viele kleinere Abweichungen. Entsprechend deutet eine hohe Kurtosis auf eine steil aufgewölbte Verteilung hin. Mit der Division durch die vierte Potenz der Standardabweichung erfolgt eine Bereinigung um die Streuung der X-Werte.

Um die Interpretation zu erleichtern, wird in der Definition der Kurtosis die Wölbung der Verteilung mit der Wölbung der Normalverteilung verglichen. Für die Normalverteilung hat der Quotient

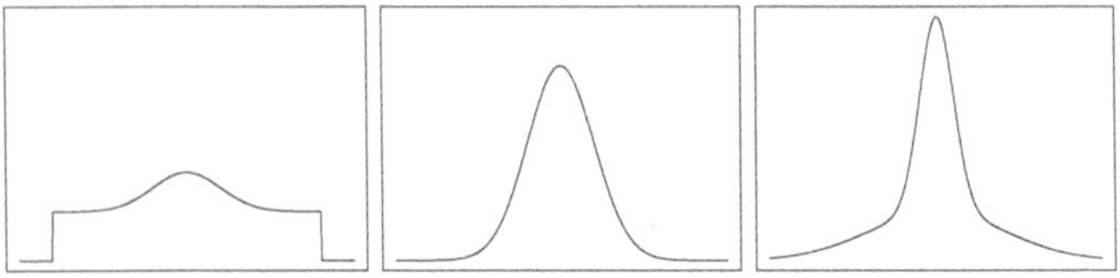

(a) gering (b) normal (c) stark

Abbildung 3.6: Verteilungen: Wölbung.

μ_4/σ^4 den Wert 3. Ein positiver Wert der Kurtosis deutet auf eine im Vergleich zur Normalverteilung steiler aufgewölbte Verteilung hin. Ist die Kurtosis positiv, heißt die Verteilung leptokurtisch, bei einer negativen Kurtosis platykurtisch und bei einer Kurtosis von (ungefähr) 0 mesokurtisch.

Lediglich bei annähernd symmetrischen Verteilungen ist die Kurtosis aussagekräftig. Wir haben für unsere 8 Beispielswerte als auch für die Einkommensdaten mit Hilfe des Schiefemaßes eine Rechtsschiefe diagnostiziert. Daher sind die Ergebnisse für das Wölbungsmaß nur sehr eingeschränkt interpretierbar. Der Vollständigkeit halber präsentieren wir beide Ergebnisse des Wölbungsmaßes.

Für unser kleines Zahlenbeispiel mit 8 Werten und $\bar{x} = 5$ finden wir für das vierte Zentralmoment

$$\begin{aligned}\mu_4 &= \frac{1}{8}\begin{pmatrix} (1-5)^4 + (2-5)^4 + (2-5)^4 + (4-5)^4 \\ +(4-5)^4 + (4-5)^4 + (7-5)^4 + (16-5)^4 \end{pmatrix} \\ &= \frac{15{,}078}{8} = 1884.75.\end{aligned}$$

Und damit finden wir unter Verwendung der bereits berechneten Standardabweichung ($\sigma = 4.5$)

$$\frac{\mu_3}{\sigma^3} - 3 = \frac{1884.75}{4.5^4} - 3 = 4.5963 - 3 = 1.5963.$$

Grafik 3.6 zeigt eine platykurtische (gering aufgewölbte), eine mesokurtische (normal aufgewölbte) und eine leptokurtische (stark aufgewölbte) Verteilung.

Für unsere $n = 1238$ Einkommenswerte finden wir $\mu_4/\sigma^4 - 3 = 15.45$ Euro. R-3-10

3.4 Approximationen mit klassierten Daten

Liegen keine Einzeldaten vor, sondern lediglich klassierte Daten, können Maßzahlen zur Beschreibung der Häufigkeitsverteilung nur noch approximativ berechnet werden. Im Folgenden betrachten wir Approximationen für den Zentralwert, das arithmetische Mittel und die Standardabweichung. Als Beispiel betrachten wir klassierte Daten der Einkommensverteilung (in 1,000 Euro) von 540 Frauen in Westdeutschland (v.: von, b. u.: bis unter). R-3-11

Klasse	v.	b. u.	abs. Häuf.	rel. Häuf.	kum.r.H.	Dichte
$\tilde{x}_1^*$	0.0	1.0	124	0.230	0.230	0.22963
$\tilde{x}_2^*$	1.0	1.5	136	0.252	0.481	0.50370
$\tilde{x}_3^*$	1.5	2.0	114	0.211	0.693	0.42222
$\tilde{x}_4^*$	2.0	3.0	107	0.198	0.891	0.19815
$\tilde{x}_5^*$	3.0	5.0	53	0.098	0.989	0.04907
$\tilde{x}_6^*$	5.0	9.0	6	0.011	1.000	0.00278

3.4.1 Approximation des Modus

Der Modus (auch dichtester oder Modalwert genannt) ist die Merkmalsausprägung, bei der die Häufigkeitsfunktion ihr Maximum hat. Bei einem Histogramm wird allen Ausprägungen innerhalb eines Intervalls die gleiche Häufigkeit zugeordnet, so dass der Modus nicht genau bestimmt werden kann. Als pragmatische Lösung kann vereinfacht die Mitte der Klasse mit der höchsten Dichte als Approximation für den Modus verwendet werden. Zu beachten ist, dass bei Klassen unterschiedlicher Breite nicht die relativen Häufigkeiten, sondern die Dichten, d.h. die durch die Intervallbreiten dividierten Häufigkeiten zu verwenden sind.

Im Beispiel der oben angegebenen klassierten Einkommensdaten mit 6 Klassen hat die Klasse $\tilde{x}_2$ die höchste Dichte (0.5037). Die Klassenmitte 1.25 (Tsd. Euro) wäre dann eine mögliche Approximation für den Modus. R-3-12

3.4.2 Approximation des Zentralwerts

Ausgangspunkt ist die Bestimmung der Klasse, in der die kumulierte relative Häufigkeit den Wert 0.5 erreicht. In den klassierten Einkommensdaten ist dies die dritte Klasse (siehe Abbildung 3.7).

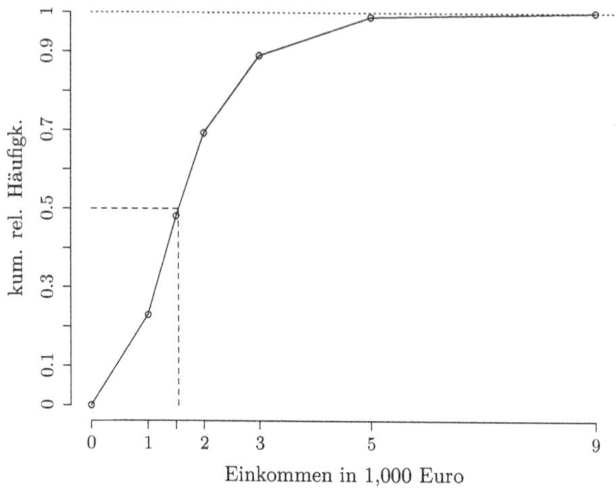

Abbildung 3.7: Relative Häufigkeiten der Einkommen.

Um die Approximation an einer Stelle x zu berechnen, muss zunächst die Klasse bestimmt werden, in der x enthalten ist. Zur Bezeichnung der unteren und oberen Klassengrenze dieser Klasse verwenden wir x^{u} bzw. x^{o}. Der Wert der Verteilungsfunktion $F(x)$ an der Stelle x, wobei $x^{\mathrm{u}} \leq x < x^{\mathrm{o}}$ ist, kann linear approximiert werden durch

$$F(x) \approx F(x^{\mathrm{u}}) + (x - x^{\mathrm{u}}) \frac{F(x^{\mathrm{o}}) - F(x^{\mathrm{u}})}{x^{\mathrm{o}} - x^{\mathrm{u}}}.$$

Daraus gewinnt man:

$$x \approx x^{\mathrm{u}} + \frac{x^{\mathrm{o}} - x^{\mathrm{u}}}{F(x^{\mathrm{o}}) - F(x^{\mathrm{u}})} (F(x) - F(x^{\mathrm{u}})).$$

Wählen wir als zu bestimmende Stelle den Zentralwert $\tilde{x}_{0.5}$, dann gilt $F(x) = F(\tilde{x}_{0.5}) = 0.5$. Setzen wir dies ein, erhalten wir die folgende lineare Approximation für den Zentralwert:

$$\tilde{x}_{0.5} \approx x^{\mathrm{u}} + \frac{x^{\mathrm{o}} - x^{\mathrm{u}}}{F\left(x^{\mathrm{o}}\right) - F\left(x^{\mathrm{u}}\right)} \left(F(\tilde{x}_{0.5}) - F\left(x^{\mathrm{u}}\right)\right).$$

Für das Beispiel der klassierten Einkommensdaten erhalten wir als Approximation des Zentralwerts

$$1.5 + \frac{2 - 1.5}{0.693 - 0.481}(0.5 - 0.481) = 1.544.$$

Mit den nicht klassierten Daten ergibt sich mit 1.5 Tsd. Euro ein geringfügig niedrigerer Wert. R-3-13

3.4.3 Approximation des arithmetischen Mittels

Sind die einzelnen Einkommenswerte nicht bekannt, können die Klassenmitten als Approximationen für die Klassenmittelwerte angenommen werden. Der Näherungswert für das arithmetische Mittel resultiert dann aus einem gewichteten Mittelwert dieser Klassenmitten ($\tilde{x}_j^{*,\mathrm{m}}$)

$$\bar{x} \approx \sum_{j=1}^{J} \tilde{x}_j^{*,\mathrm{m}} \; f_j$$

Für die Einkommen der Frauen resultiert als Näherung des arithmetischen Mittels der Wert

$$\begin{aligned}\bar{x} \approx\ & 0.5 \cdot 0.23 + 1.25 \cdot 0.252 + 1.75 \cdot 0.211 + 2.5 \cdot 0.198 \\ & + 4 \cdot 0.098 + 7 \cdot 0.011 = 1.765.\end{aligned}$$

Mit den nicht klassierten Daten ergibt sich mit 1.686 Tsd. Euro ein etwas geringerer Wert.[1] R-3-14

3.4.4 Approximation der Standardabweichung

Für eine Approximation der Standardabweichung kann ebenfalls mit der Annahme gearbeitet werden, dass alle Werte einer Klasse der Klassenmitte entsprechen. Die Streuung in den Klassen ist dann

[1] Wenn die exakten Klassenmittel bekannt sind, ist die exakte Berechnung auch ausgehend von klassierten Daten möglich:

$$\bar{x} = \sum_{j=1}^{J} \bar{x}_j \cdot f_j.$$

0, und es wird lediglich die Streuung zwischen den Klassen, d.h. die Streuung der Klassenmitten um das approximative Gesamtmittel $\bar{x}^*$, berücksichtigt.

Für die Einkommen der Frauen resultiert folgende Approximation (in Tsd. Euro):

$$\begin{aligned}\sigma &\approx (0.5 - 1.765)^2 \cdot 0.23 + (1.25 - 1.765)^2 \cdot 0.252 \\ &\quad + (1.75 - 1.765)^2 \cdot 0.211 + (2.5 - 1.765)^2 \cdot 0.198 \\ &\quad + (4 - 1.765)^2 \cdot 0.098 + (7 - 1.765)^2 \cdot 0.011 \\ &= 1.156.\end{aligned}$$

Obwohl die Streuung in den Klassen unberücksichtigt bleibt, wird die Standardabweichung leicht überschätzt ($\sigma = 0.986$). Dies liegt daran, dass tatsächlich die individuellen Werte etwas näher an den dem arithmetischen Mittel näherliegenden Klassengrenzen liegen. R-3-15

3.5 Aufgaben

1. Berechnen Sie für die Werte

x_1	x_2	x_3	x_4	x_5	x_6	x_7	x_8
1	3	3	3	4	4	5	7

folgende Maßzahlen:

a) Modus (dichtester Wert),

b) Zentralwert,

c) arithmetisches Mittel, in ungewichteter und gewichteter Form,

d) harmonisches Mittel, in ungewichteter und gewichteter Form,

e) geometrisches Mittel, in ungewichteter und gewichteter Form,

f) Varianz, in ungewichteter und gewichteter Form,

g) Standardabweichung,

h) mittlere absolute Abweichung vom arithm. Mittel,

i) Schiefe,

j) Wölbung.

k) Wie vermuten Sie, würden sich die von Ihnen berechneten Maßzahlen verändern, wenn x_8 den Wert 27 hätte?

l) Berechnen Sie a) - j) noch einmal mit $x_8 = 27$.

2. Sie sind leidenschaftliche(r) Jogger(in) und stellen ein paar Berechnungen an:

a) Nach einer halben Stunde mit einer Geschwindigkeit von 9 km/h haben Sie die letzten 20 Minuten Ihre Geschwindigkeit auf 12 km/h erhöht. Wie schnell sind Sie im Durchschnitt gelaufen?

b) Eine andere Joggingstrecke schließt in dem mittleren Abschnitt recht hügeliges Gelände ein. Daher sind Sie die ersten 3 und die letzten 2 Kilometer mit einer Geschwindigkeit von 11 km/h gelaufen, auf den mittleren 5 Kilometern jedoch nur 9 km/h. Wie schnell sind Sie im Mittel gelaufen?

c) Dank des kontinuierlichen Trainings haben Sie die für Ihre Joggingstrecke benötigte Zeit in den letzten drei Jahren um 12 %, 9 % und 4 % senken können. Wie hoch war Ihre mittlere jährliche prozentuale Verbesserung?

3. Die folgende Tabelle enthält die Häufigkeiten der ALLBUS-Einkommen (West) für 12 Einkommensklassen unterschiedlicher Klassenbreite (v.: von, b. u.: bis unter).

Klasse	v.	b. u.	rel. Häuf.	Klasse	v.	b. u.	rel. Häuf.
$\tilde{x}_1^*$	0.0	0.5	0.018	$\tilde{x}_7^*$	3.0	4.0	0.132
$\tilde{x}_2^*$	0.5	1.0	0.115	$\tilde{x}_8^*$	4.0	5.0	0.047
$\tilde{x}_3^*$	1.0	1.5	0.148	$\tilde{x}_9^*$	5.0	7.0	0.040
$\tilde{x}_4^*$	1.5	2.0	0.184	$\tilde{x}_{10}^*$	7.0	10.0	0.011
$\tilde{x}_5^*$	2.0	2.5	0.183	$\tilde{x}_{11}^*$	10.0	15.0	0.002
$\tilde{x}_6^*$	2.5	3.0	0.119	$\tilde{x}_{12}^*$	15.0	20.0	0.001

a) Ermitteln Sie für die Einkommensklassen die kumulierten relativen Häufigkeiten.

b) Bestimmen Sie die modale Klasse und einen Näherungswert für den Modus (dichtesten Wert).

c) Bestimmen Sie die Einfallsklasse des Zentralwertes ($\tilde{x}_{0.5}$) und einen Näherungswert für den Zentralwert.

d) Bestimmen Sie einen Näherungswert für das arithmetische Mittel.

e) Vergleichen Sie die Lage dieser drei Mittelwerte. Weist die Lage der Mittelwerte auf eine links- oder rechtsschiefe Verteilung hin?

f) Ermitteln Sie näherungsweise den totalen Quartilsabstand.

g) Ermitteln Sie näherungsweise die Standardabweichung.

h) Dürften Sie mit Ihrer Schätzung die wahre Standardabweichung über- oder unterschätzt haben? Tatsächlich wird die Standardabweichung ausgehend von den klassierten Daten leicht überschätzt. Haben Sie dafür eine Erklärung?

3.6 R-Code

R-3-1

```
# Vektor x mit Merkmalswerten erstellen
x <- c(1,2,2,4,4,4,7,16)
n.x <- length(x)

# relative Häufigkeiten
f.x <- table(x) / n.x
f.x
plot(f.x)
# Verteilungsfunktion
F.x <- cumsum(x = f.x)
F.x
Fun.x <- ecdf(x = x)
plot(Fun.x)
```

R-3-2

```
## Daten einlesen (West)
d <- read.csv2(file = "allbus2018.csv", stringsAsFactors = FALSE)
d <- d[d$ostwest==0,]

## Nur Einkommen < 10000 Euro in Tsd. Euro
w <- sort(d$einkommen[d$einkommen < 10000] / 1000)

# relative Häufigkeiten (Darstellung über Kerndichte)
dens <- density(w)
kdens <- cumsum(dens$y)/sum(dens$y)
plot(dens, xlab = "Einkommen in 1000 Euro",
     ylab = "Dichte")

# Verteilungsfunktion
plot(dens$x,kdens, xlab = "Einkommen in 1000 Euro",
     ylab = "F(x)", type = "l")
```

R-3-3

```
## Quantilsfunktion Zahlenbeispiel
# ma: Vektor der sortierten Merkmalsausprägungen
ma.x <- as.numeric(names(f.x))
Q.x <- stepfun(x = Fun.x(ma.x), y = c(ma.x,20), right = TRUE)
plot(Q.x, bty = "l",
     xlim = c(0,1), ylim = c(0,16.5),
     xlab = "p", ylab = "Q(p)", verticals = FALSE)

## Quantilsfunktion der Einkommen
plot(kdens,dens$x, main="", bty="l",
     xlim = c(0,1), ylim = c(0,10),
     xlab = "p", ylab = "Q(p)", type="l")
```

```
## Median
# durch 'type = 1' korrespondierend zur Rechenvorschrift
quantile(x = w, probs = 0.5, type = 1)
# mittels Index
n.w <- length(w)
n.w
np <- n.w * 0.5
# Einkommen an Stelle np
w[np]
```

R-3-4

```
# Mittelwert aller Einkommen
mean(e)
# um eine Person mit einem Einkommen von 1 Mrd. erweitert
mean(c(e, 10^9))
```

R-3-5

```
# Harmonisches Mittel aller Einkommen
1 / mean(1/e)
```

R-3-6

```
# Quartilsabstand Zahlenbeispiel
IQR(x, type = 1)
# Quartilsabstand 1238 Einkommen
IQR(e, type = 1)
# oder
quantile(x = e, probs = 0.75, type = 1) -
  quantile(x = e, probs = 0.25, type = 1)
```

R-3-7

```
# Mittlere absolute Abweichung
mean(abs(x-quantile(x = x, probs = 0.5, type = 1)))
```

R-3-8

```
## Zahlenbeispiel
# empirische Varianz
var.x.emp <- 1/n.x * sum( (x - mean(x))^2 )
var.x.emp
# Standardabweichung
sa.x.emp <- sqrt(var.x.emp)
sa.x.emp

## Merke: R berechnet mit der Funktion var() die Stichprobenvarianz
var(x)
# diese kann wieder in die empirische Varianz umgerechnet werden
(n.x-1)/n.x * var(x)
# analog die Standardabweichung
sqrt((n.x-1)/n.x) * sd(x)
```

```
## Empirische Varianz und Standardabweichung der Einkommen
n.e <- length(e)
var.e.emp <- (n.e-1)/n.e * var(e); var.e.emp
sa.e.emp <- sqrt(var.e.emp); sa.e.emp
```

R-3-9

```
## Schiefe
# Zahlenbeispiel
(1/n.x * sum( (x-mean(x))^3 )) /
  sqrt( 1/n.x * sum( (x - mean(x))^2 ))^3

# Einkommen
(1/n.e * sum( (e-mean(e))^3 )) /
  sqrt( 1/n.e * sum( (e - mean(e))^2 ))^3
```

R-3-10

```
## Kurtosis
# Zahlenbeispiel
(1/n.x * sum( (x-mean(x))^4 )) /
  sqrt( 1/n.x * sum( (x - mean(x))^2 ))^4 - 3

# Einkommen
(1/n.e * sum( (e-mean(e))^4 )) /
  sqrt( 1/n.e * sum( (e - mean(e))^2 ))^4 - 3
```

R-3-11

```
# Einkommen von Frauen in Tsd. Euro
ef <- d$einkommen[d$geschlecht == 1] / 1000
# Einkommen sortieren und Objekt ef überschreiben
ef <- sort(ef, decreasing = FALSE)
# Anzahl an Einkommenn
n.ef <- length(ef)
# Klassengrenzen
hist(ef)
breaks <- c(0,1,1.5,2,3,5,9)
# Anzahl an Grenzen
b <- length(breaks)
# Beobachtungen (Einkommen) in Klassen einteilen
lc <- cut(x = ef, breaks = breaks, right = FALSE)
# Klassenuntergrenzen
cu <- breaks[-b]
# Klassenobergrenzen
co <- breaks[-1]

# absolute Klassenhäufigkeiten
nj <- table(lc); nj
# relative Klassenhäufigkeiten
fj <- table(lc) / n.ef; fj
```

```
# kum.r.H.
Fj <- cumsum(fj); Fj
# Dichten
hj <- co - cu
dj <- fj / hj; dj
```

R-3-12

```
## Approximation des Modus
# Klasse mit höchster Dichte
dk <- which(dj == max(dj)); dk
# Klassenmitte als Approximation
modus <- (co[dk] + cu[dk]) / 2; modus
```

R-3-13

```
## Approximation des Zentralwerts
# Abbildung
plot(x = breaks, y = c(0,Fj), xlab = "Einkommen in 1000 Euro",
     ylab = "kum. rel. Häufigk.")
lines(x = breaks, y = c(0,Fj))

# Ausgangspunkt: Klasse, in der die kum. rel. Hfg.
# den Wert 0.5 erreicht
k <- which(Fj >= 0.5)[1]; k
cu[k] + (co[k] - cu[k]) / (Fj[k] - Fj[k-1]) * (0.5 - Fj[k-1])
```

R-3-14

```
# Approximation des arithmetischen Mittels
mitten <- 0.5 * (cu+co); mitten
# approx. Mittel
x.approx <- sum(mitten * fj); x.approx
# mit Individualdaten
mean(ef)
```

R-3-15

```
# Approximation der Standardabweichung
sqrt(sum((mitten-x.approx)^2 * fj))

# Standardabweichung aus unklassierten Daten
sd(ef)
```

4
Konzentrationsmessung

Haben wenige Einheiten einen hohen Anteil an der gesamten Merkmalssumme, spricht man von einer hohen absoluten Konzentration. Liegt eine sehr ungleiche Verteilung vor, wird dies als relative Konzentration bezeichnet. Während bei der Betrachtung von Unternehmensumsätzen die absolute Konzentration im Vordergrund steht, liegt bei der Einkommensverteilung das Augenmerk auf der relativen Konzentration.

4.1 Einleitung

Bei der Konzentrationsmessung kann sowohl die absolute als auch die relative Konzentration betrachtet werden. Absolute Konzentration bedeutet, dass *wenige Einheiten* (z. B. Unternehmen) zusammen einen hohen Anteil an der Merkmalssumme aufweisen. So haben etwa in vielen Branchen wenige Unternehmen einen sehr hohen Anteil an dem Umsatz der gesamten Branche.

Bei der relativen Konzentration wird die Ungleichheit der Verteilung, die Disparität, betrachtet. Die Betrachtung der amerikanischen Einkommensdaten hat gezeigt, dass eine große Ungleichheit vorliegt. Eine hohe relative Konzentration liegt vor, wenn ein *geringer Anteil* der Einheiten (z. B. Personen) einen hohen Anteil an der Merkmalssumme aufweist.

Zu beachten ist, dass bei einer Verteilung gleichzeitig eine hohe absolute und eine niedrige relative Konzentration vorliegen kann (und umgekehrt).

Die Unternehmenskonzentration wird als ein wesentliches Merkmal der Marktstruktur betrachtet und findet unter wettbewerbspolitischen Aspekten eine besondere Beachtung. Das Ausmaß der relativen Einkommenskonzentration ist insbesondere unter Verteilungsaspekten von Interesse.

4.2 Maßzahlen der absoluten Konzentration

Um eine Vorstellung von der Berechnungsmethode und damit der möglichen Interpretation der ausgewiesenen Zahlen zu erhalten, betrachten wir ein fiktives Zahlenbeispiel mit nur fünf Unternehmen, die folgende Umsätze haben: $x_1 = 70, x_2 = 15, x_3 = 10, x_4 = 4, x_5 = 1$. Die Merkmalssumme beträgt damit 100 und der mittlere Umsatz je Unternehmen 20.

4.2.1 Die Konzentrationsrate

Die Konzentrationsrate CR ist ein einfaches und sehr anschauliches Maß der absoluten Konzentration. CR_i gibt an, wie viel Prozent der gesamten Merkmalssumme die größten i Einheiten haben. Ausgangspunkt sind die absteigend sortierten Merkmalswerte

$$x_1 \geq x_2 \geq x_3 \geq \ldots \geq x_n \geq 0.$$

Der Anteil der Einheit r an der Merkmalssumme $\sum_{k=1}^{n} x_k$ ist

$$h_r = \frac{x_r}{\sum\limits_{k=1}^{n} x_k} = \frac{x_r}{n\bar{x}}.$$

Auch für die Merkmalsanteile h_r gilt die absteigende Sortierung

$$h_1 \geq h_2 \geq h_3 \geq \ldots \geq h_n \geq 0.$$

Die Konzentrationsrate

$$\mathrm{CR}_i = \sum_{r=1}^{i} h_r$$

ist nun einfach die Summe der i größten Merkmalsanteile. Hat eine Einheit die gesamte Merkmalssumme (maximale Konzentration) $h_1 = 1, h_2 = h_3 = \ldots = h_n = 0$ finden wir $\mathrm{CR}_i = 1$ für alle i. Haben alle Einheiten den gleichen Merkmalswert (minimale Konzentration) $h_1 = h_2 = h_3 = \ldots = h_n = 1/n$, finden wir $\mathrm{CR}_i = i/n$. Die Konzentrationsrate liegt damit immer im Intervall $[i/n; 1]$. Für unser Zahlenbeispiel finden wir z. B. die Konzentrationsrate

$$\mathrm{CR}_3 = \sum_{r=1}^{3} h_r = \frac{70}{100} + \frac{15}{100} + \frac{10}{100} = 0.95.$$

Für die ALLBUS-Einkommensdaten von $n = 1238$ Personen finden wir $\mathrm{CR}_5 = 0.021$. D.h. die fünf Personen mit den höchsten Einkommen haben 2.1 % der gesamten Einkommenssumme aller $n = 1238$ Personen. R-4-1

4.2.2 Die Konzentrationskurve

Die Darstellung der Wertepaare (i, CR_i) wird als Konzentrationskurve bezeichnet. Zusätzlich zu den n Wertepaaren wird auch der Ursprung $(0, 0)$ betrachtet und alle Punkte werden mit einer Geraden verbunden. Der letzte Punkt ist $(n, \mathrm{CR}_n = 1)$. Für unser kleines Zahlenbeispiel findet man die in Abbildung 4.1 dargestellte Konzentrationskurve. R-4-2

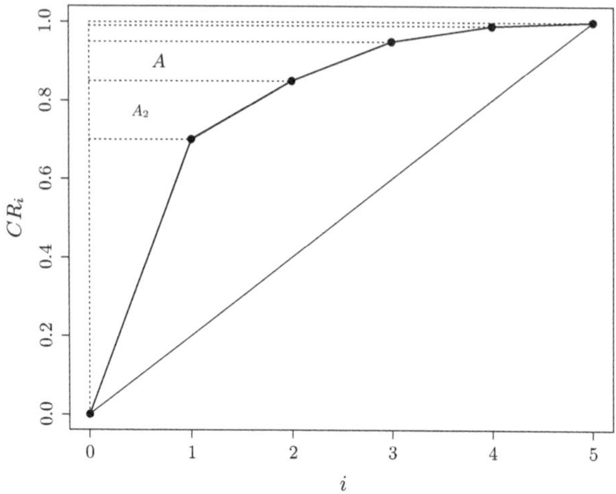

Abbildung 4.1: Konzentrationskurve – Zahlenbeispiel.

4.2.3 Der Rosenbluth-Koeffizient

Bisher haben wir nur einzelne punktuelle Maße, d.h. die einzelnen Konzentrationsraten CR_i betrachtet. Der Rosenbluth-Koeffizient (RK) knüpft an der Konzentrationskurve an und verdichtet die darin enthaltenen Informationen zu einer Maßzahl. Je weiter aufgewölbt die Konzentrationskurve ist, desto höher ist die Konzentration. Die Fläche A oberhalb der Konzentrationskurve ist damit bereits ein zusammenfassendes Maß der Konzentration, denn je kleiner die Fläche A, desto stärker ist die Konzentration. Der Rosenbluth-Koeffizient ist definiert als $\mathrm{RK} = 1/(2A)$. Die Fläche von A kann ausgehend von den n liegenden Trapezen A_i bestimmt werden. Für ein solch liegendes Trapez finden wir die Fläche

$$A_i = h_i 0.5\,(i + (i-1)) = h_i 0.5\,(2i - 1)\,,$$

da sich die Trapezfläche als Grundseite mal mittlere Höhe ergibt. Für die Fläche des Trapezes A_2 finden wir z. B.

$$A_2 = h_2 0.5\,(2 + (2-1)) = 0.15 \cdot 0.5\,(2 + (2-1)) = 0.225.$$

Die Fläche A ist die Summe der einzelnen Trapezflächen:

$$A = \sum_{i=1}^{n} A_i = 0.5 \sum_{i=1}^{n} h_i \,(2i - 1) = \sum_{i=1}^{n} i h_i - 0.5.$$

Für das Zahlenbeispiel finden wir $A = 1.01$. Der Rosenbluth-Koeffizient ist definiert als

$$\text{RK} = \frac{1}{2A} = \frac{1}{(2 \sum\limits_{i=1}^{n} i h_i) - 1}.$$

Durch Einsetzen ergibt sich RK = 0.495.

Der Rosenbluth-Koeffizient liegt im Intervall $[1/n; 1]$ und nimmt den Wert $1/n$ bei minimaler Konzentration und den Wert 1 bei maximaler Konzentration an. Im Falle maximaler Konzentration gilt $h_1 = 1, h_2 = 0, \dots, h_n = 0$ und damit

$$\text{RK} = \frac{1}{\left(2 \sum_{i=1}^{n} i h_i\right) - 1} = \frac{1}{(2(1 \cdot 1 + 2 \cdot 0 + \dots + n \cdot 0)) - 1} = 1.$$

Im Falle minimaler Konzentration gilt $h_1 = 1/n, h_2 = 1/n, \dots, h_n = 1/n$ und damit

$$\text{RK} = \frac{1}{\left(2 \sum_{i=1}^{n} i h_i\right) - 1} = \frac{1}{\left(2 \frac{1}{n} \sum_{i=1}^{n} i\right) - 1} = \frac{1}{n}.$$

Zu beachten ist, dass die kleinsten Einheiten (kleine h_i) die größten Gewichte (große i) erhalten. In vielen Unternehmenserhebungen der amtlichen Statistik werden Unternehmen mit weniger als 20 Beschäftigten aus Kosten- und Vereinfachungsgründen nicht erhoben. Auf diese sogenannte Abschneidepraxis reagiert der Rosenbluth-Koeffizient relativ stark.

Für die ALLBUS-Einkommensdaten (West) von $n = 1238$ Personen finden wir RK = 0.0012. D.h. trotz der starken Ungleichheit der Einkommen ist die absolute Einkommenskonzentration dem Rosenbluth-Koeffizienten zufolge recht gering. R-4-3

4.2.4 Der Hirschman-Herfindahl-Koeffizient

Der Hirschman-Herfindahl-Koeffizient (HK) ist definiert als Summe der quadrierten relativen Anteile h_i

$$\mathrm{HK} = \sum_{i=1}^{n} h_i^2$$

und liegt im Intervall $[1/n; 1]$. Im Falle maximaler Konzentration findet man

$$\mathrm{HK} = \sum_{i=1}^{n} h_i^2 = 1^2 + 0^2 + ... + 0^2 = 1$$

und im Falle minimaler Konzentration

$$\mathrm{HK} = \sum_{i=1}^{n} h_i^2 = n\left(\frac{1}{n}\right)^2 = \frac{1}{n}.$$

Die Sortierung der Anteile ist, anders als beim Rosenbluth-Koeffizienten, nicht relevant. Beim Hirschman-Herfindahl-Koeffizienten erhalten die kleinen Einheiten (kleine h_i) kleine Gewichte, so dass dieser Koeffizient wenig auf die Nichtberücksichtigung kleiner Einheiten reagiert. Für unser Zahlenbeispiel finden wir

$$\mathrm{HK} = 0.7^2 + 0.15^2 + 0.1^2 + 0.04^2 + 0.01^2 = 0.5242.$$

Für die Einkommensdaten finden wir HK = 0.0011. Auch dem Hirschman-Herfindahl-Koeffizient zufolge ist die absolute Einkommenskonzentration recht gering. R-4-4

4.3 Maßzahlen der relativen Konzentration

Während bei der absoluten Konzentration die Frage im Vordergrund steht, ob eine Zusammenballung eines großen Teils der Merkmalssumme bei einer geringen Anzahl an Einheiten vorliegt, steht bei der relativen Konzentration die Frage nach der Ungleichheit bzw. Disparität im Vordergrund. Auch wenn z. B. die Personen mit den höchsten Einkommen nur einen geringen Teil der gesamten Einkommenssumme auf sich vereinen, kann dennoch eine große Disparität vorliegen. Dies wäre dann der Fall, wenn z. B. das reichste Prozent einen sehr viel höheren Anteil als 1 % an der gesamten Einkommenssumme hat.

4.3.1 Der Variationskoeffizient

Der Variationskoeffizient (VK) ist definiert als Verhältnis der Standardabweichung zum arithmetischen Mittel

$$\mathrm{VK} = \sigma/\bar{x},$$

wobei $\bar{x} = \frac{1}{n}\sum_{i=1}^{n} x_i$ und

$$\sigma = \sqrt{\frac{1}{n}\sum_{i=1}^{n}(x_i - \bar{x})^2} = \sqrt{\frac{1}{n}\sum_{i=1}^{n} x_i^2 - \bar{x}^2}.$$

Der Variationskoeffizient VK verändert sich bei einer Multiplikation aller Werte mit einer Konstanten c nicht, da sich sowohl die Streuung als auch der Mittelwert um den Faktor c verändern und sich dieser somit herauskürzt. (Somit führt z. B. die Verwendung von Cent oder Euro zum gleichen Ergebnis.) Für unser Zahlenbeispiel findet man für den Variationskoeffizienten:

$$\sigma = \sqrt{\frac{1}{5}(70^2 + 15^2 + 10^2 + 4^2 + 1^2) - 20^2} = 25.464$$

$$\bar{x} = 20$$

$$\mathrm{VK} = \frac{\sigma}{\bar{x}} = \frac{25.464}{20} = 1.273.$$

Für unsere Einkommensdaten von $n = 1238$ Personen finden wir einen Durchschnittslohn von 2284.65 Euro und eine Standardabweichung von 1462.06 Euro. Als Variationskoeffizient resultiert 0.64. R-4-5

Wie auch schon die Standardabweichung für sich betrachtet, ist auch der Variationskoeffizient von geringem deskriptivem Gehalt.

4.3.2 Die Lorenzkurve und der Gini-Koeffizient

Berechnung mit klassierten Daten

Als Beispiel betrachten wir die Einkommensdaten von $n = 1238$ Personen des ALLBUS-Datensatzes (West). Die individuellen Löhne werden durch die Variable X erfasst. Für diese Löhne werden jetzt Einkommensklassen $\tilde{x}_1^*, \ldots, \tilde{x}_5^*$ gebildet (siehe Tabelle 4.1), so

Tabelle 4.1: Klassierte Einkommensdaten in 1000 Euro

Klasse	von	bis unter	f_j	F_j	h_j	H_j
$\tilde{x}_1^*$	0.0	1.5	0.280	0.280	0.119	0.119
$\tilde{x}_2^*$	1.5	2.5	0.367	0.647	0.310	0.429
$\tilde{x}_3^*$	2.5	4.0	0.251	0.898	0.329	0.758
$\tilde{x}_4^*$	4.0	7.5	0.089	0.987	0.190	0.948
$\tilde{x}_5^*$	7.5	20.0	0.013	1.000	0.053	1.001

dass man anstelle von X eine vergröberte Variable X^* betrachten kann, deren Werte die Einkommensklasse angeben, in der sich eine Person befindet; vgl. Tabelle 4.1. f_j bezeichnet den Anteil der Personen in der Einkommensklasse $\tilde{x}_j^*$ an allen Personen; h_j bezeichnet den Anteil an der gesamten Einkommenssumme, der auf die Personen in der Einkommensklasse $\tilde{x}_j^*$ entfällt. F_j und H_j sind die entsprechenden kumulierten Werte. Außerdem wird definiert: $f_0 = F_0 = h_0 = H_0 = 0$. R-4-6

Für die Darstellung der Lorenzkurve (siehe Graphik 4.2) tragen wir an der Abszisse die fünf sukzessive kumulierten Anteile F_j der Größenklassen an allen Personen und an der Ordinate die sukzessive kumulierten Anteile H_j an der gesamten Einkommenssumme ab. R-4-7 Ausgehend vom Ursprung $(0, 0)$ führt die Verbindung dieser fünf Punkte bis zum Punkt $(1, 1)$ mit Hilfe von Geraden zur Lorenzkurve. Je weiter diese Kurve von der Diagonalen vom Punkt $(0, 0)$ bis zum Punkt $(1, 1)$ entfernt liegt (durchhängt), desto größer ist die relative Konzentration bzw. Ungleichheit.

Die Fläche zwischen Lorenzkurve und Diagonale ist in der Graphik mit A gekennzeichnet. Setzen wir die Fläche A ins Verhältnis zur Fläche unterhalb der Diagonalen von 0.5, erhalten wir ein summarisches Maß der relativen Konzentration, den Gini-Koeffizienten

$$\mathrm{G} = \frac{A}{0.5} = 2\,A.$$

Folgende Überlegungen führen zur Berechnungsweise des Gini-Koeffizienten: Bezeichnen wir die Fläche unterhalb der Lorenzkurve mit B, gilt $A+B = 0.5$ bzw. $A = 0.5-B$ und damit auch $\mathrm{G} = 2A = 1-2B$. Die Fläche B setzt sich bei J Größenklassen aus J vertikalen Trapezen B_j zusammen, deren Fläche $B_j = f_j\,0.5(H_{j-1} + H_j)$ jeweils als Grundseite mal mittlere Höhe berechnet werden kann.

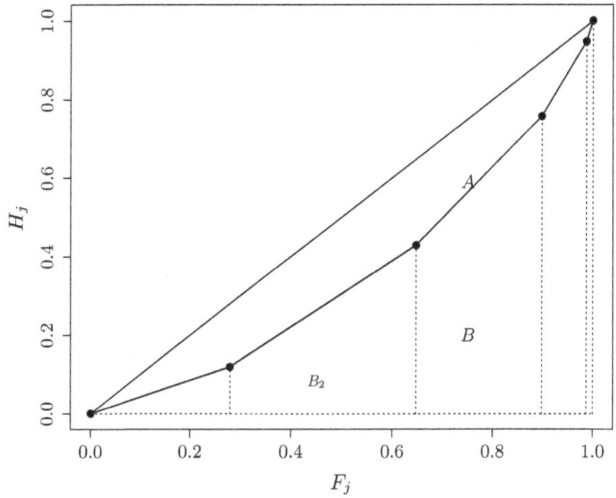

Abbildung 4.2: Lorenzkurve und Gini-Koeffizient (Fläche 2A).

Z. B. ist die Fläche des in der Graphik mit B_2 markierten Trapezes

$$B_2 = f_2\, 0.5(H_{2-1} + H_2) = 0.367 \cdot 0.5(0.119 + 0.429) = 0.101.$$

Die Gesamtfläche B ist also

$$B = 0.5 \sum_{j=1}^{J} f_j(H_{j-1} + H_j)$$

und der Gini-Koeffizient ist

$$\mathrm{G} = 1 - 2B = 1 - \sum_{j=1}^{J} f_j(H_{j-1} + H_j).$$

Zum Beispiel findet man mit den klassierten Einkommensdaten der Tabelle 4.1 R-4-8

$$\begin{aligned} \mathrm{G} = 1 - [&0.28(0 + 0.119) + 0.367(0.119 + 0.429) \\ &+ 0.251(0.429 + 0.758) + 0.089(0.758 + 0.948) \\ &+ 0.013(0.948 + 1)] = 0.290. \end{aligned}$$

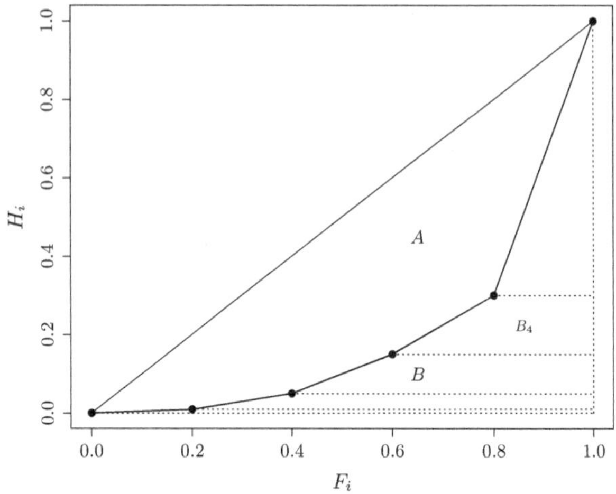

Abbildung 4.3: Lorenzkurve (Fläche B) – Trapeze.

Bei diesem Befund ist zudem zu beachten, dass die tatsächliche Konzentration bei der Berechnung ausgehend von klassierten Daten etwas unterschätzt wird. Die Verbindung der punktuellen Informationen an den Grenzen der Klassen mit einer Geraden impliziert die Annahme, dass die Personen in den Klassen alle einen identischen Einkommen haben. Tatsächlich liegt jedoch auch innerhalb der Klassen Ungleichheit vor (die Verbindung zwischen den Punkten würde bei der Verwendung von Einzeldaten ‚durchhängen'), die hier nicht erfasst wird.

Berechnung mit Individualdaten

Der Gini-Koeffizient kann auch mit Individualdaten berechnet werden. Ausgangspunkt sind in diesem Fall n aufsteigend sortierte Merkmalswerte $x_1, \ldots, x_n$. Jede Einheit i hat einen Anteil $f_i = 1/n$ an der Gesamtheit der n Einheiten und einen Anteil $h_i = x_i / \sum_{j=1}^{n} x_j$ an der gesamten Merkmalssumme. Die kumulierten Größen werden wiederum durch F_i bzw. H_i bezeichnet.

Zur Illustration verwenden wir das Zahlenbeispiel mit fünf Unternehmen, die die Umsätze $x_1 = 1$, $x_2 = 4$, $x_3 = 10$, $x_4 = 15$ und

$x_5 = 70$ haben. Also ist $f_i = 1/5$, und die Merkmalsanteile sind

$$h_1 = 0.01, h_2 = 0.04, h_3 = 0.1, h_4 = 0.15, h_5 = 0.7.$$

Wie in der Graphik 4.3 illustriert wird, setzt sich die Fläche B jetzt aus n horizontalen Trapezen B_i zusammen, deren untere Länge den Wert $(n-i+1)/n$ und deren obere Länge den Wert $(n-i)/n$ hat. Die Multiplikation der mittleren Länge mit der Höhe h_i führt zur Fläche

$$B_i = h_i 0.5 \left(\frac{(n-i+1)+(n-i)}{n} \right) = 0.5 h_i \left(\frac{2n-2i+1}{n} \right).$$

Z. B. ist in unserem Zahlenbeispiel $B_4 = 0.045$. Schließlich findet man für die Gesamtfläche den Ausdruck

$$B = 0.5 \sum_{i=1}^{n} h_i \left(\frac{2n-2i+1}{n} \right)$$

und der Gini-Koeffizient ist

$$\mathrm{G} = 1 - 2\,B = \sum_{i=1}^{n} h_i \left(\frac{2i-n-1}{n} \right).$$

In unserem Zahlenbeispiel beträgt der Wert G = 0.596. Mit der gleichen Methode finden wir für die amerikanischen Einkommensdaten den Gini-Koeffizienten G = 0.315. Der Wert liegt etwas über dem Wert 0.290, den wir auf Basis der klassierten Daten ermittelt hatten. R-4-9

Überlegen wir schließlich noch, wie die beiden Extremfälle maximaler und minimaler relativer Konzentration aussehen. Maximale Konzentration liegt dann vor, wenn eine Einheit die gesamte Merkmalssumme auf sich vereinigt, so dass $h_1 = \ldots = h_{n-1} = 0$ und $h_n = 1$. Durch Einsetzen in die Formel findet man $\mathrm{G} = 1 - 1/n$ als maximalen Wert für den Gini-Koeffizienten. Dagegen liegt eine minimale Konzentration dann vor, wenn alle n Einheiten den gleichen Merkmalswert haben: $x_1 = \ldots = x_n$, so dass $h_i = H/n$ gilt. Durch Einsetzen in die Formel findet man dann G = 0 als minimalen Wert für den Gini-Koeffizienten.

Die Graphik 4.4 illustriert diese beiden Extremfälle.

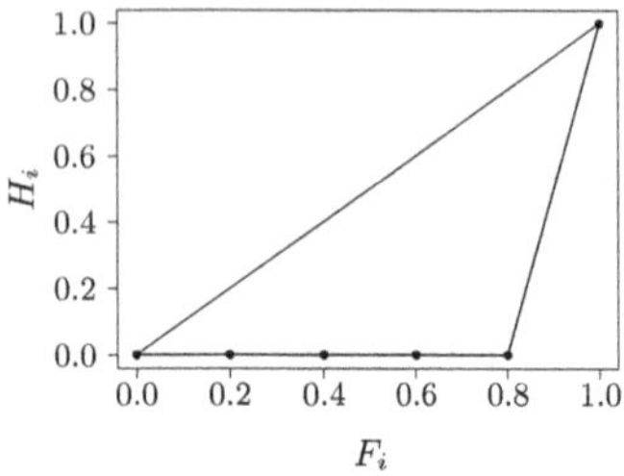

(a) maximale Konz.

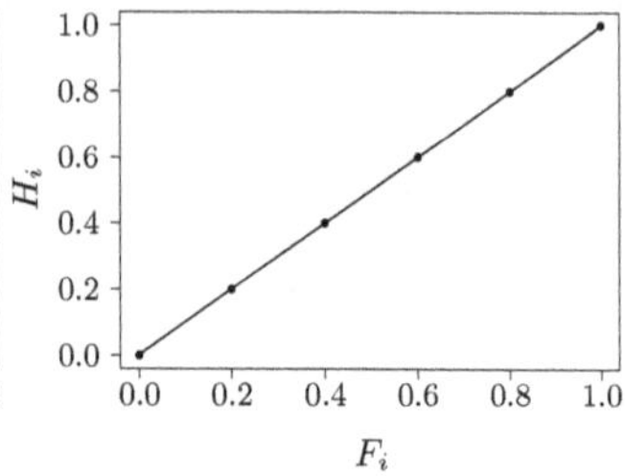

(b) minimale Konz.

Abbildung 4.4: Konzentration – Extremfälle.

4.4 Aufgaben

1. Absolute Konzentration. Ihnen liegen die Umsätze (Tsd. €) von allen vier Unternehmen einer Branche vor: $x_1 = 20, x_2 = 10, x_3 = 7, x_4 = 3$.

a) Wie hoch ist der Umsatz in der betrachteten Branche insgesamt?

b) Wie hoch ist der Anteil des größten, des zweitgrößten, des drittgrößten Unternehmens am Gesamtumsatz der Branche?

c) Vergleichen Sie den Anteil der beiden größten Unternehmen an der Anzahl aller Unternehmen der Branche mit ihrem Anteil am Gesamtumsatz der Branche.

d) Welchen Anteil am Branchenumsatz haben die beiden kleinsten Unternehmen?

e) Was versteht man unter absoluter Konzentration, was unter relativer Konzentration?

f) Zeichnen Sie die Konzentrationskurve.

g) Zeichnen Sie in die Graphik der Konzentrationskurve die Kurven ein, die sich bei minimaler und maximaler Konzentration ergeben würden.

h) Nehmen Sie an, alle Unternehmen der Branche erhöhen ihren Umsatz um $a\,\%$. Wie sieht dann die Konzentrationskurve aus?

i) Vergleichen Sie die ursprüngliche Konzentrationskurve mit der Konzentrationskurve, die sich ergeben würde, wenn alle Unternehmen ihren Umsatz um 10 (Tsd. €) ausdehnen.

j) Berechnen Sie den Herfindahl-Index (Werte aus Aufgabe 1a).

k) Berechnen Sie den Rosenbluth-Index (Werte aus Aufgabe 1a).

2. Relative Konzentration (Für a)–f) Zahlenwerte aus Aufgabe 1).

a) Zeichnen Sie die Lorenzkurve.

b) Zeichnen Sie in ihre Graphik die Lorenzkurve bei maximaler und bei minimaler relativer Konzentration.

c) Nehmen Sie an, dass alle Unternehmen der Branche ihren Umsatz um $a\,\%$ erhöhen. Wie sieht dann die Lorenzkurve aus?

d) Vergleichen Sie die ursprüngliche Lorenzkurve mit der Lorenzkurve, die sich ergeben würde, wenn alle Unternehmen ihren Umsatz um 10 (Tsd. €) ausdehnen.

e) Berechnen Sie den Gini-Koeffizienten (Werte aus Aufgabe 1a).

f) Welchen Wert nimmt der Gini-Koeffizient nach einer Umsatzerhöhung von 10 (Tsd. €) bei allen Unternehmen an?

g) Nehmen Sie an, Ihnen liegende folgende Daten in klassierter Form vor:

Klassengrenzen (von bis unter)	Anzahl	Umsatz
0–200	3	410
200–500	2	620
500–1500	3	2570

Berechnen Sie ausgehend von den klassierten Daten den Gini-Koeffizienten.

4.5 R-Code

R-4-1

```
## Zahlenbeispiel
x <- c(70,15,10,4,1)
h.x <- x/sum(x)
# CR3
cr3.x <- sum(h.x[1:3])
cr3.x

## ALLBUS
# Daten einlesen (West)
d <- read.csv2(file = "allbus2018.csv", stringsAsFactors = FALSE)
d <- d[d$ostwest==0,]
# Merkmalswerte (Einkommen) absteigend sortieren
y <- sort(x = d$einkommen, decreasing = TRUE)
h.y <- y/sum(y)
# CR5
cr5.y <- sum(h.y[1:5])
cr5.y
```

R-4-2

```
# Konzentrationskurve (Zahlenbeispiel)
h.x <- x / sum(x)
cr.x <- cumsum(h.x)

plot(x = 0:5, y = c(0,cr.x), type = "l",
     xlab = "i", ylab = expression(CR[~i]))
points(x = 0:5, y = c(0,cr.x), pch = 19)
segments(x0 = 0, y0 = 0, x1 = 5, y1 = 1)
```

R-4-3

```
## Rosenbluth-Koeffizient
# Zahlenbeispiel
i.x <- 1:5
A.i.x <- h.x * 0.5 * (2 * i.x - 1)
A.x <- sum(A.i.x)
RK.x <- 1 / (2*A.x)
RK.x

# Einkommen
h.y <- y / sum(y)
i.y <- 1:length(y)
RK.y <- 1 / (2 * sum(i.y*h.y) - 1)
RK.y
```

R-4-4

```
## Hirschman-Herfindahl-Koeffizient
# Zahlenbeispiel
sum(h.x^2)

# Einkommen
sum(h.y^2)
```

R-4-5

```
## Variationskoeffizient
# Zahlenbeispiel
n.x <- length(x)
var.koeff.x <- sqrt( 1/n.x * sum( (x - mean(x))^2 ) ) / mean(x)
var.koeff.x

# Einkommen
n.y <- length(y)
var.koeff.y <- sqrt( 1/n.y * sum( (y - mean(y))^2 ) ) / mean(y)
var.koeff.y
```

R-4-6

```
## Einkommen klassieren
# Histogramm erstellen (für die automatische Wahl der Grenzen)
h <- hist(x = y/1000, breaks = c(0,1.5,2.5,4,7.5,20),
          plot = FALSE, right = FALSE)
# Anzahl an Grenzen
b <- length(h$breaks)
# Beobachtungen (Einkommen) in Klassen einteilen
lc <- cut(x = y/1000, breaks = h$breaks, right = FALSE)
# Klassenuntergrenzen
cu <- h$breaks[-b]
# Klassenobergrenzen
co <- h$breaks[-1]
# relative Klassenhäufigkeiten
fj <- table(lc) / n.y
fj
# kumulierten Anteile
Fj <- cumsum(fj)
Fj
# relativer Anteil der Einkommenssumme pro Klasse
hj <- tapply(X = y, INDEX = lc, FUN = sum) / sum(y);hj
# kumulierten Anteile
Hj <- cumsum(hj);Hj
```

R-4-7

```
## Graphik
plot(x = c(0,Fj), y = c(0,Hj), type = "l",
     xlab = expression(F[~j]), ylab = expression(H[~j]))
points(x = c(0,Fj), y = c(0,Hj), pch = 19)
segments(x0 = 0, y0 = 0, x1 = 1, y1 = 1)
```

R-4-8

```
# Gini-Koeffizient
1 - sum(fj * (c(0, Hj[-5]) + Hj))
```

R-4-9

```
### Gini-Koeffizient auf Basis von Individualdaten
## Zahlenbeispiel
# Werte aufsteigend sortieren
h.x.auf <- sort(h.x, decreasing = FALSE)
# Gini-Koeffizient
sum( h.x.auf * ((2*i.x - n.x - 1) / n.x) )

## Einkommen
h.y.auf <- sort(h.y, decreasing = FALSE)
# Gini-Koeffizient
sum( h.y.auf * ((2*i.y - n.y - 1) / n.y) )
```

5

Strukturanalysen

Viele interessierende Größen lassen sich definitorisch als Summe oder auch als Produkt von Komponenten darstellen. Solch einfache Komponentendarstellungen liefern oftmals interessante Einblicke, wenn nach möglichen Ursachen vorgefundener Gruppenunterschiede oder zeitlicher Veränderungen gesucht wird. Wir veranschaulichen die Verwendung einfacher Strukturanalysen in Form definitorischer Komponentenmodelle mit einfachen additiven und multiplikativen Zerlegungen, um Einblicke in Bestimmungsgründe der beobachteten Einkommensunterschiede von Männern und Frauen zu gewinnen.

5.1 Einleitung

Für viele Mengen von Untersuchungseinheiten lässt sich eine Aufteilung nach Merkmalen in Teilmengen durchführen, die die Struktur bezüglich dieser Merkmale deutlich macht. So lassen sich Beschäftigte etwa nach ihrem Geschlecht und nach den Berufen der Unternehmen, in denen sie beschäftigt sind, aufgliedern. Für die einzelnen Berufen lassen sich die Anteile an den Beschäftigten insgesamt ermitteln. Diese Berufsstruktur kann für alle Beschäftigten, aber auch getrennt für Männer und Frauen ermittelt werden.

In diesem Kapitel betrachten wir Methoden, mit denen derartige Strukturen verglichen und Unterschiede quantifiziert werden können. Zunächst betrachten wir Maßzahlen, die das Ausmaß des strukturellen Unterschieds erfassen. Im Anschluss besprechen wir Methoden der Komponentenzerlegung. Mit diesen Methoden werden definitorische Zusammenhänge genutzt, um Einblicke in Bedingungen von Unterschieden zwischen Gruppen zu gewinnen. Als Beispiel verwenden wir erneut das ALLBUS-Datenfile für $n = 1238$ Personen aus Westdeutschland mit Angaben über deren Geschlecht, Lohnhöhe, geleistete Arbeitsstunden und Beruf.

5.2 Maßzahlen für Strukturunterschiede

In unserem Datensatz gibt es für $n = 1238$ Personen aus Westdeutschland Angaben darüber, welchen Beruf sie ausüben. Um die Analyse etwas übersichtlicher zu halten, vergröbern wir die Berufsinformation von ursprünglich neun Berufen auf drei Berufsgruppen: 1 Akademiker, 2 Angestellte, 3 Helfer.[1] R-5-1

Für die drei Berufen finden wir die in Tabelle 5.1 angegebenen Beschäftigungsanteile a_j für die Berufen Produktion ($j = 1$), Handel ($j = 2$) und Dienste ($j = 3$). Die Angaben in Spalte 2 sind die Beschäftigungsanteile der Berufe insgesamt, Spalte 3 enthält die Beschäftigungsanteile der Berufe a_j^{w} der Frauen und Spalte 4 enthält die Anteile a_j^{m} der Männer. R-5-2

Offenbar gilt für die Anteile a_j, a_j^{w} und a_j^{m}, dass sie sich für die

[1] Die Vergröberung wurde dabei folgendermaßen vorgenommen: 1 Führungskräfte, Akademiker, 2 Techniker, Bürokräfte, Dienstleister, Bauern, Handwerker, 3 Monteure, Hilfsarbeiter.

Tabelle 5.1: Beschäftigungsanteile der Berufe.

Beruf	Alle (a_j)	Frauen (a_j^{w})	Männer (a_j^{m})
Akademiker	0.321	0.287	0.348
Angestellte	0.588	0.639	0.549
Helfer	0.090	0.074	0.103

$J = 3$ Berufen jeweils zu 1 summieren:

$$\sum_{j=1}^{3} a_j = \sum_{j=1}^{3} a_j^{\mathrm{w}} = \sum_{j=1}^{3} a_j^{\mathrm{m}} = 1.$$

Es ist ersichtlich, dass relativ weniger Frauen in den Berufsgruppen Akademiker und Helfer und häufiger in der Berufsgruppe Angestellte tätig sind.

Im Folgenden betrachten wir mehrere Maßzahlen zur Quantifizierung von Strukturunterschieden. Für die beiden zu vergleichenden Gruppen verwenden wir unserem Beispiel folgend die Indizes m und w. In analoger Weise könnten auch andere Gruppen (Länder, Regionen, etc.) verglichen werden. Die beiden Indizes m und w könnten dann durch geeignete andere Indizes ersetzt werden.

5.2.1 Strukturdifferenz und normierte Strukturdifferenz

Die Strukturdifferenz

$$\mathrm{SD} = \sum_{j=1}^{J} |a_j^{\mathrm{m}} - a_j^{\mathrm{w}}|$$

ist die Summe der absoluten Anteilsdifferenzen, hier zwischen den beruflichen Beschäftigungsanteilen von Männern und Frauen. Für unsere Beispieldaten mit drei Berufen finden wir

$$\begin{aligned} \mathrm{SD} &= |0.348 - 0.287| + |0.549 - 0.639| + |0.103 - 0.074| \\ &= |0.061| + |-0.09| + |0.029| = 0.18. \end{aligned}$$

Für die Strukturdifferenz gilt $0 \leq \mathrm{SD} \leq 2$. Die Interpretation wird durch eine Normierung erleichtert. Üblich ist die Normierung auf den Bereich $[0, 1]$. Die Intervallgrenzen geben dann den minimalen (0) und den maximalen (1) Unterschied an.

Die Multiplikation der Strukturdifferenz mit dem Faktor 0.5 führt zur normierten Strukturdifferenz (NSD), auch Dissimilaritätsindex genannt

$$\mathrm{NSD} = 0.5 \sum_{j=1}^{J} |a_j^{\mathrm{m}} - a_j^{\mathrm{w}}| = 0.5\,\mathrm{SD},$$

mit $0 \leq \mathrm{NSD} \leq 1$. Für unser Beispiel finden wir

$$\mathrm{NSD} = 0.5\,\mathrm{SD} = 0.5 \cdot 0.18 = 0.09.$$

Die normierte Strukturdifferenz NSD gibt den Anteil der Beschäftigten an, der zwischen Berufen wandern müsste, um eine Gleichheit der Struktur zu erreichen. In unserem Beispiel müssten 9 % der Männer (Frauen) den Beruf wechseln, um die gleiche Anteilsstruktur der Frauen (Männer) zu erreichen. R-5-3

5.2.2 Euklidische Norm

Die euklidische Norm für Strukturdifferenzen

$$\mathrm{EN} = \sqrt{\sum_{j=1}^{J} (a_j^{\mathrm{m}} - a_j^{\mathrm{w}})^2}$$

ist die Quadratwurzel der Summe der quadrierten Anteilsdifferenzen. Für die euklidische Norm gilt $0 \leq \mathrm{EN} \leq \sqrt{2}$. Durch das Quadrieren erhalten große Anteilsdifferenzen ein etwas stärkeres Gewicht als bei der Strukturdifferenz.

Für unsere Beispieldaten mit drei Berufen finden wir

$$\begin{aligned}\mathrm{EN} &= \sqrt{(0.348 - 0.287)^2 + (0.549 - 0.639)^2 + (0.103 - 0.074)^2} \\ &= \sqrt{(0.061)^2 + (-0.09)^2 + (0.029)^2} = 0.113.\end{aligned}$$

Für die euklidische Norm gibt es keine vergleichbar anschauliche Interpretation wie für die normierte Strukturdifferenz. R-5-4

5.3 Additive Komponentenzerlegung

Die Komponentenzerlegung ist eine einfache und anschauliche Methode der Strukturanalyse. Das Ziel ist, durch definitorische Zerlegungen bzw. tautologische Erweiterungen Einblicke in mögliche Bedingungen von vorliegenden Unterschieden zwischen Gruppen zu gewinnen.

Als Beispiel betrachten wir erneut Männer und Frauen und deren Stundenlöhne. In unserem Datensatz finden wir einen Durchschnittslohn für Männer von 15.06 Euro und für Frauen von 12.29 Euro. Männer verdienen im Durchschnitt je Stunde somit 23 % bzw. 2.77 Euro mehr als Frauen.

Bei der Suche nach möglichen Ursachen für diese erstaunlich große Differenz können Komponentenzerlegungen hilfreich sein. Zum Beispiel könnte eine unterschiedliche Berufsstruktur von Männern und Frauen zur Erklärung der Lohndifferenz beitragen, wenn etwa Frauen in größerem Ausmaß als Männer in Niedriglohnberufen beschäftigt wären.

Tabelle 5.2 enthält nochmals die Berufsstruktur von Männern und Frauen – erneut für die drei aggregierten Berufe – und daneben die beruflichen Durchschnittslöhne.

Den durchschnittlichen Stundenlohn der Männer in Beruf j bezeichnen wir mit $\bar{l}_j^{\mathrm{m}}$ und den der Frauen mit $\bar{l}_j^{\mathrm{w}}$. Die Durchschnittslöhne für Männer bzw. Frauen insgesamt ergeben sich aus den mit den beruflichen Beschäftigungsanteilen gewichteten beruflichen Durchschnittlöhnen R-5-5

$$
\begin{aligned}
\bar{l}^{\mathrm{m}} &= \sum_{j=1}^{J} \bar{l}_j^{\mathrm{m}} a_j^{\mathrm{m}} \\
&= 0.348 \cdot 20.02 + 0.549 \cdot 12.8 + 0.103 \cdot 10.37 = 15.06 \\
\bar{l}^{\mathrm{w}} &= \sum_{j=1}^{J} \bar{l}_j^{\mathrm{w}} a_j^{\mathrm{w}} \\
&= 0.287 \cdot 16.14 + 0.639 \cdot 11.01 + 0.074 \cdot 8.4 = 12.29.
\end{aligned}
$$

Tabelle 5.2: Beschäftigungsanteile und Durchschnittslöhne

	Beschäftigung			Stundenlöhne		
Beruf	Alle	Frauen	Männer	Alle	Frauen	Männer
Akademiker	0.321	0.287	0.348	18.51	16.14	20.02
Angestellte	0.588	0.639	0.549	11.95	11.01	12.80
Helfer	0.090	0.074	0.103	9.67	8.40	10.37

5.3.1 Standardisierung

Die Höhe des Durchschnittslohns hängt sowohl von der Höhe der geschlechtsspezifischen beruflichen Durchschnittslöhne (Niveau) als auch von der geschlechtsspezifischen beruflichen Berufsstruktur ab. Um den Beitrag einer der beiden Komponenten – Niveau und Struktur – zu isolieren, kann bzgl. der anderen Komponente standardisiert werden. Wählen wir z. B. die Berufsstruktur der Männer als Standard, ergibt sich für Frauen ein fiktiver durchschnittlicher Stundenlohn. Dieser gibt an, welchen durchschnittlichen Stundenlohn Frauen verdienen würden, wenn sie ihre tatsächlichen beruflichen Durchschnittslöhne hätten, ihre Berufsstruktur aber der der Männer gleichen würde. Dieser fiktive (kontrafaktische) Stundenlohn $\bar{l}^{\mathrm{w}}_{(a^{\mathrm{m}})}$ ergibt sich als

$$\bar{l}^{\mathrm{w}}_{(a^{\mathrm{m}})} = \sum_{j=1}^{J} \bar{l}^{\mathrm{w}}_j a^{\mathrm{m}}_j = 12.53.$$

Man kann ebenso auf die durchschnittlichen beruflichen Stundenlöhne der Männer standardisieren. In diesem Fall erhalten wir den fiktiven durchschnittlichen Stundenlohn der Frauen, den sie erhalten würden, wenn sie bei ihrer tatsächlichen beruflichen Berufsstruktur die beruflichen Durchschnittslöhne der Männer erhalten würden. Dieser fiktive (kontrafaktische) Stundenlohn $\bar{l}^{\mathrm{w}}_{(\bar{l}^{\mathrm{m}})}$ ergibt sich als

$$\bar{l}^{\mathrm{w}}_{(\bar{l}^{\mathrm{m}})} = \sum_{j=1}^{J} \bar{l}^{\mathrm{m}}_j a^{\mathrm{w}}_j = 14.69.$$

Analog kann bzgl. der beruflichen Berufsstruktur und der beruflichen Lohnhöhe der Frauen standardisiert werden. In diesem Fall resultieren fiktive durchschnittliche Stundenlöhne der Männer

$$\bar{l}^{\mathrm{m}}_{(a^{\mathrm{w}})} = \sum_{j=1}^{J} \bar{l}^{\mathrm{m}}_j a^{\mathrm{w}}_j = 14.69$$

$$\bar{l}^{\mathrm{m}}_{(\bar{l}^{\mathrm{w}})} = \sum_{j=1}^{J} \bar{l}^{\mathrm{w}}_j a^{\mathrm{m}}_j = 12.53.$$

Offenkundig gilt $\bar{l}^{\mathrm{w}}_{(\bar{l}^{\mathrm{m}})} = \bar{l}^{\mathrm{m}}_{(a^{\mathrm{w}})}$ und $\bar{l}^{\mathrm{w}}_{(a^{\mathrm{m}})} = \bar{l}^{\mathrm{m}}_{(\bar{l}^{\mathrm{w}})}$. R-5-6

5.3.2 Niveau- und Struktureffekt

Ausgehend von den standardisierten Durchschnittslöhnen der Frauen $\bar{l}^{\mathrm{w}}_{(a^{\mathrm{m}})}$ und $\bar{l}^{\mathrm{w}}_{(\bar{l}^{\mathrm{m}})}$ lassen sich Bedingungen des Unterschieds der Durchschnittslöhne von Männern und Frauen isolieren. Vergleichen wir den tatsächlichen Durchschnittslohn der Männer $\bar{l}^{\mathrm{m}}$ mit dem fiktiven auf die Berufsstruktur der Männer standardisierten Durchschnittslohn der Frauen $\bar{l}^{\mathrm{w}}_{(a^{\mathrm{m}})}$, wird der Einfluss unterschiedlicher beruflicher Lohnhöhen isoliert. Wir können deshalb schreiben

$$\begin{aligned}\bar{l}^{\mathrm{m}} - \bar{l}^{\mathrm{w}}_{(a^{\mathrm{m}})} &= \sum_{j=1}^{J} \bar{l}^{\mathrm{m}}_j a^{\mathrm{m}}_j - \sum_{j=1}^{J} \bar{l}^{\mathrm{w}}_j a^{\mathrm{m}}_j = \sum_{j=1}^{J} (\bar{l}^{\mathrm{m}}_j - \bar{l}^{\mathrm{w}}_j) a^{\mathrm{m}}_j \\ &= 15.06 - 12.53 = 2.54.\end{aligned}$$

Diese Lohndifferenz bei gleicher Berufsstruktur isoliert den Einfluss des unterschiedlichen Niveaus der beruflichen Durchschnittslöhne, wir bezeichnen ihn als Niveaueffekt.

Vergleichen wir hingegen den tatsächlichen Durchschnittslohn der Männer $\bar{l}^{\mathrm{m}}$ mit dem fiktiven auf die beruflichen Durchschnittslöhne der Männer standardisierte Durchschnittslohn der Frauen $\bar{l}^{\mathrm{w}}_{(\bar{l}^{\mathrm{m}})}$, wird der Einfluss der unterschiedlichen Berufsstruktur isoliert. Es ergibt sich

$$\begin{aligned}\bar{l}^{\mathrm{m}} - \bar{l}^{\mathrm{w}}_{(\bar{l}^{\mathrm{m}})} &= \sum_{j=1}^{J} \bar{l}^{\mathrm{m}}_j a^{\mathrm{m}}_j - \sum_{j=1}^{J} \bar{l}^{\mathrm{m}}_j a^{\mathrm{w}}_j = \sum_{j=1}^{J} \bar{l}^{\mathrm{m}}_j (a^{\mathrm{m}}_j - a^{\mathrm{w}}_j) \\ &= 15.06 - 14.69 = 0.37.\end{aligned}$$

Diese Lohndifferenz bei gleichen beruflichen Durchschnittslöhnen isoliert den Beitrag der unterschiedlichen Berufsstruktur, wir bezeichnen ihn als Struktureffekt.

Für unsere Daten erhalten wir einen hohen Niveau- und einen vernachlässigbaren Struktureffekt. Bei gleicher Berufsstruktur und tatsächlichen geschlechtsspezifischen beruflichen Durchschnittslöhnen ergibt sich für Männer ein um rund 3 Euro höherer Durchschnittslohn. Bei gleichen beruflichen Durchschnittslöhnen und tatsächlichen geschlechtsspezifischen Berufsstrukturen ergibt sich praktisch kein Lohnunterschied zwischen Männern und Frauen. Die Ergebnisse weisen darauf hin, dass die beruflichen Lohnunterschiede für Männer und Frauen, nicht aber die unterschiedlichen Berufsstrukturen als eine wesentliche Bedingung für den Lohnunterschied von Männern und Frauen betrachtet werden können.

Verwenden wir zur Standardisierung die Berufsstruktur und Lohnhöhe der Frauen, erhalten wir ebenfalls einen Niveau- und einen Struktureffekt. Der Niveaueffekt ist

$$\begin{aligned}\bar{l}^{\mathrm{m}}_{(a^{\mathrm{w}})} - \bar{l}^{\mathrm{w}} &= \sum_{j=1}^{J} \bar{l}^{\mathrm{m}}_j a^{\mathrm{w}}_j - \sum_{j=1}^{J} \bar{l}^{\mathrm{w}}_j a^{\mathrm{w}}_j = \sum_{j=1}^{J} (\bar{l}^{\mathrm{m}}_j - \bar{l}^{\mathrm{w}}_j) a^{\mathrm{w}}_j \\ &= 14.69 - 12.29 = 2.4.\end{aligned}$$

und der Struktureffekt ist

$$\begin{aligned}\bar{l}^{\mathrm{m}}_{(\bar{l}^{\mathrm{w}})} - \bar{l}^{\mathrm{w}} &= \sum_{j=1}^{J} \bar{l}^{\mathrm{w}}_j a^{\mathrm{m}}_j - \sum_{j=1}^{J} \bar{l}^{\mathrm{w}}_j a^{\mathrm{w}}_j = \sum_{j=1}^{J} \bar{l}^{\mathrm{w}}_j (a^{\mathrm{m}}_j - a^{\mathrm{w}}_j) \\ &= 12.53 - 12.29 = 0.24.\end{aligned}$$

Diese Standardisierung führt zu geringfügig anderen Werten, die qualitative Aussage bleibt jedoch unverändert. R-5-7

5.3.3 Niveau-, Struktur- und Mischeffekt

Ausgangspunkt unserer Überlegungen war die Differenz der durchschnittlichen Stundenlöhne zwischen Männern und Frauen

$$\bar{l}^{\mathrm{m}} - \bar{l}^{\mathrm{w}} = \sum_{j=1}^{J} \bar{l}^{\mathrm{m}}_j a^{\mathrm{m}}_j - \sum_{j=1}^{J} \bar{l}^{\mathrm{w}}_j a^{\mathrm{w}}_j = 15.06 - 12.29 = 2.77.$$

Durch Standardisierung auf die Berufsstruktur bzw. die beruflichen Durchschnittslöhne der Männer haben wir den Niveau- und den Struktureffekt ermittelt. Für die Summe der beiden Effekte erhalten wir

$$\begin{aligned}\bar{l}^{\mathrm{m}} - \bar{l}^{\mathrm{w}}_{(a^{\mathrm{m}})} + \bar{l}^{\mathrm{m}} - \bar{l}^{\mathrm{w}}_{(\bar{l}^{\mathrm{m}})} &= \sum_{j=1}^{J}(\bar{l}_j^{\mathrm{m}} - \bar{l}_j^{\mathrm{w}})a_j^{\mathrm{m}} + \sum_{j=1}^{J}\bar{l}_j^{\mathrm{m}}(a_j^{\mathrm{m}} - a_j^{\mathrm{w}}) \\ &= 2.54 + 0.37 = 2.91.\end{aligned}$$

Die Summe von Niveau- und Struktureffekt entspricht nicht der gesamten Differenz der Durchschnittslöhne. Betrachten wir die Summe der beiden isolierten Effekte genauer, finden wir

$$\begin{aligned}&\sum_{j=1}^{J}(\bar{l}_j^{\mathrm{m}} - \bar{l}_j^{\mathrm{w}})a_j^{\mathrm{m}} + \sum_{j=1}^{J}\bar{l}_j^{\mathrm{m}}(a_j^{\mathrm{m}} - a_j^{\mathrm{w}}) \\ &= \sum_{j=1}^{J}\bar{l}_j^{\mathrm{m}}a_j^{\mathrm{m}} - \sum_{j=1}^{J}\bar{l}_j^{\mathrm{w}}a_j^{\mathrm{m}} + \sum_{j=1}^{J}\bar{l}_j^{\mathrm{m}}a_j^{\mathrm{m}} - \sum_{j=1}^{J}\bar{l}_j^{\mathrm{m}}a_j^{\mathrm{w}}.\end{aligned}$$

Um zur gesamten Differenz der Durchschnittslöhne zu gelangen, müssen folgende Terme addiert bzw. subtrahiert werden

$$\begin{aligned}&-\sum_{j=1}^{J}\bar{l}_j^{\mathrm{w}}a_j^{\mathrm{w}} + \sum_{j=1}^{J}\bar{l}_j^{\mathrm{w}}a_j^{\mathrm{m}} - \sum_{j=1}^{J}\bar{l}_j^{\mathrm{m}}a_j^{\mathrm{m}} + \sum_{j=1}^{J}\bar{l}_j^{\mathrm{m}}a_j^{\mathrm{w}} \\ &= -\sum_{j=1}^{J}(\bar{l}_j^{\mathrm{m}} - \bar{l}_j^{\mathrm{w}})(a_j^{\mathrm{m}} - a_j^{\mathrm{w}}).\end{aligned}$$

In diesen Term gehen die Produkte der Differenzen von Durchschnittslöhnen und Beschäftigungsanteilen der Berufe ein. Er wird als Mischeffekt bezeichnet. Eine Komponentenzerlegung ist umso erkenntnisträchtiger, je kleiner der Mischeffekt ist, da dann eine weitgehende Aufteilung der zu erklärenden Gesamtdifferenz in Niveau- und Struktureffekt gelingt.

Für die vollständige Zerlegung der Differenz in den Durchschnittslöhnen finden wir somit

$$\begin{aligned}
\bar{l}^{\mathrm{m}} - \bar{l}^{\mathrm{w}} &= \sum_{j=1}^{J} \bar{l}_j^{\mathrm{m}} a_j^{\mathrm{m}} - \sum_{j=1}^{J} \bar{l}_j^{\mathrm{w}} a_j^{\mathrm{w}} = 15.06 - 12.29 = 2.77 \\
&= \sum_{j=1}^{J} (\bar{l}_j^{\mathrm{m}} - \bar{l}_j^{\mathrm{w}}) a_j^{\mathrm{m}} + \sum_{j=1}^{J} \bar{l}_j^{\mathrm{m}} (a_j^{\mathrm{m}} - a_j^{\mathrm{w}}) \\
&\quad - \sum_{j=1}^{J} (\bar{l}_j^{\mathrm{m}} - \bar{l}_j^{\mathrm{w}})(a_j^{\mathrm{m}} - a_j^{\mathrm{w}}) \\
&= 2.54 + 0.37 - 0.13 = 2.77,
\end{aligned}$$

d.h. die Differenz besteht aus dem Niveau-, Struktur- und Mischeffekt. In analoger Weise kann auch auf die beruflichen Durchschnittslöhne und Beschäftigungsanteile der Frauen standardisiert werden. In diesem Fall resultiert die Zerlegung

$$\begin{aligned}
\bar{l}^{\mathrm{m}} - \bar{l}^{\mathrm{w}} &= \sum_{j=1}^{J} \bar{l}_j^{\mathrm{m}} a_j^{\mathrm{m}} - \sum_{j=1}^{J} \bar{l}_j^{\mathrm{w}} a_j^{\mathrm{w}} \\
&= \sum_{j=1}^{J} (\bar{l}_j^{\mathrm{m}} - \bar{l}_j^{\mathrm{w}}) a_j^{\mathrm{w}} + \sum_{j=1}^{J} \bar{l}_j^{\mathrm{w}} (a_j^{\mathrm{m}} - a_j^{\mathrm{w}}) \\
&\quad + \sum_{j=1}^{J} (\bar{l}_j^{\mathrm{m}} - \bar{l}_j^{\mathrm{w}})(a_j^{\mathrm{m}} - a_j^{\mathrm{w}}) \\
&= 2.4 + 0.24 + 0.13 = 2.77.
\end{aligned}$$

Beide Komponentenzerlegungen führen zur Schlussfolgerung, dass die beträchtliche Differenz in den Durchschnittslöhnen von Männern und Frauen fast vollständig auf Differenzen in den beruflichen Durchschnittslöhnen zurückgeführt werden kann und die unterschiedliche Berufsstruktur kaum einen Beitrag liefert.

Kein expliziter Mischeffekt tritt auf, wenn bei der Ermittlung von Niveau- und Struktureffekt nicht einheitlich standardisiert wird. Wählen wir z. B. die Berufsstruktur der Männer für die Ermittlung des Niveaueffekts und die beruflichen Durchschnittslöhne der Frauen für die Ermittlung des Struktureffekts zur Standardisierung, resultiert die Zerlegung

$$\begin{aligned}\bar{l}^{\text{m}} - \bar{l}^{\text{w}} &= \sum_{j=1}^{J} \bar{l}_j^{\text{m}} a_j^{\text{m}} - \sum_{j=1}^{J} \bar{l}_j^{\text{w}} a_j^{\text{w}} \\ &= \sum_{j=1}^{J} (\bar{l}_j^{\text{m}} - \bar{l}_j^{\text{w}}) a_j^{\text{m}} + \sum_{j=1}^{J} \bar{l}_j^{\text{w}} (a_j^{\text{m}} - a_j^{\text{w}}) \\ &= 2.54 + 0.24 = 2.77.\end{aligned}$$

Zu beachten ist jedoch, dass durch die Wahl unterschiedlicher Gruppen zur Standardisierung keine reinen Niveau- und Struktureffekte ermittelt werden, sondern einer der beiden Terme implizit den Mischeffekt enthält. Es gelingt somit nur scheinbar eine vollständige Zerlegung ohne Mischeffekt. R-5-8

5.4 Multiplikative Komponentenzerlegung

Mittels einfacher tautologischer Erweiterungen lassen sich multiplikativ verknüpfte Komponenten gewinnen, denen eine *eigenständige sachlogische Bedeutung* zukommt. Als Beispiel betrachten wir den durchschnittlichen Netto-Montatslohn $\bar{Y}$, der sich als Quotient von Lohnsumme Y und Zahl der Beschäftigten ergibt. Für die $n = 1238$ Personen in unserem Datensatz finden wir (in Euro je Beschäftigten):

$$\bar{Y} = \frac{Y}{E} = \frac{2828400}{1238} = 2284.65.$$

Der Durchschnittslohn lässt sich darstellen als Produkt von durchschnittlichem Stundenlohn (l) und durchschnittlicher Anzahl an Arbeitsstunden (z), die sich als Quotient von insgesamt geleisteten Arbeitsstunden (S) und Anzahl der Beschäftigten (E) ergibt. Es resultiert

$$\begin{aligned}\bar{Y} &= \frac{Y}{S}\frac{S}{E} = l \cdot z = \frac{2{,}828{,}400}{207{,}477} \cdot \frac{207{,}477}{1238} \\ &= 13.63 \cdot 167.59 = 2284.65.\end{aligned}$$

Betrachten wir nun die durchschnittlichen Netto-Monatslöhne von Männern und Frauen, finden wir $\bar{Y}^{\text{m}} = 2748.14$ und $\bar{Y}^{\text{w}} = 1685.55$

Euro. Das Verhältnis der Löhne

$$\frac{\bar{Y}^{\mathrm{m}}}{\bar{Y}^{\mathrm{w}}} = \frac{2748.14}{1685.55} = 1.63$$

zeigt, dass der Durchschnittslohn der Männer um 63 % über dem der Frauen liegt. Für Männer und Frauen resultiert der mittlere Lohn jeweils aus dem Produkt von mittlerem Stundenlohn und mittlerer monatlicher Arbeitszeit

$$\bar{Y}^{\mathrm{m}} = l^{\mathrm{m}} \cdot z^{\mathrm{m}} = 14.73 \cdot 186.63 = 2748.14$$
$$\bar{Y}^{\mathrm{w}} = l^{\mathrm{w}} \cdot z^{\mathrm{w}} = 11.79 \cdot 142.99 = 1685.55.$$

Der relative Lohnunterschied lässt sich somit durch zwei multiplikative Komponenten darstellen: das Verhältnis der durchschnittlichen Stundenlöhne und das Verhältnis der durchschnittlichen monatlichen Arbeitsstunden. Es resultiert:

$$\frac{\bar{Y}^{\mathrm{m}}}{\bar{Y}^{\mathrm{w}}} = \frac{l^{\mathrm{m}}}{l^{\mathrm{w}}} \cdot \frac{z^{\mathrm{m}}}{z^{\mathrm{w}}} = \frac{14.73}{11.79} \cdot \frac{186.63}{142.99} = 1.25 \cdot 1.31 = 1.63.$$

Die gegenüber den Frauen um 63 % höheren durchschnittlichen Monatslöhne der Männer sind somit einerseits auf den um 25 % höheren durchschnittlichen Stundenlohn und andererseits auf die um 31 % höhere durchschnittliche monatliche Arbeitszeit zurückzuführen. R-5-9

5.5 Aufgaben

Für die ersten beiden Aufgaben sei folgender Datensatz gegeben:

	Anteile			Stundenlöhne		
Bildungsgrad	Alle	Frauen	Männer	Alle	Frauen	Männer
Kein Abitur	0.42	0.43	0.42	11.12	10.11	11.92
Abitur	0.23	0.21	0.24	12.90	10.97	14.24
Studium	0.35	0.36	0.34	17.79	15.73	19.44

1. Betrachten Sie die Bildungsstruktur von Frauen und Männern und berechnen Sie als summarische Maße der Unterschiedlichkeit die normierte Strukturdifferenz und die euklidische Norm.

2. Führen Sie eine Komponentenzerlegung zur Erklärung der Differenz der Durchschnittslöhne von Männern und Frauen durch.

a) Ermitteln Sie die Durchschnittslöhne von Männern und Frauen.

b) Ermitteln Sie den kontrafaktischen Durchschnittslohn der Frauen, der sich aus der Standardisierung auf die Bildungsstruktur der Männer ergibt ($\bar{l}^{\mathrm{w}}_{(a^{\mathrm{m}})}$), und den kontrafaktischen Durchschnittslohn der Frauen, der sich aus der Standardisierung auf die Löhne der Männer ergibt ($\bar{l}^{\mathrm{w}}_{(\bar{l}^{\mathrm{m}})}$).

c) Ermitteln Sie ausgehend von den kontrafaktischen (standardisierten) Durchschnittslöhnen der Frauen den Niveau- und den Struktureffekt.

d) Führen Sie eine vollständige Zerlegung der gesamten Lohndifferenz $\bar{l}^{\mathrm{m}} - \bar{l}^{\mathrm{w}}$ durch.

e) Was folgern Sie aus der durchgeführten Komponentenzerlegung über die Bestimmungsgründe der vorgefundenen Lohndifferenz?

3. Führen Sie eine Komponentenzerlegung zur Erklärung der Differenz der Durchschnittslöhne von Beschäftigten des Berufs Dienstleister (ausgehend von 9 Berufsgruppen) und den Beschäftigten anderer Berufe durch.

	Anteile			Stundenlöhne		
Bildungsgrad	Alle	Dienstl.	Andere	Alle	Dienstl.	Andere
Kein Abitur	0.42	0.70	0.39	11.12	10.56	11.22
Abitur	0.23	0.17	0.23	12.90	9.95	13.12
Studium	0.35	0.13	0.37	17.79	11.31	18.02

a) Ermitteln Sie die Durchschnittslöhne von Dienstleistern (w) und Nicht-Dienstleistern (m).

b) Ermitteln Sie den kontrafaktischen Durchschnittslohn der Dienstleister, der sich aus der Standardisierung auf die Bildungsstruktur der Nicht-Dienstleister ergibt ($\bar{l}^{\mathrm{w}}_{(a^{\mathrm{m}})}$), und den kontrafaktischen Durchschnittslohn der Dienstleister, der sich aus der Standardisierung auf die Löhne der Nicht-Dienstleister ergibt ($\bar{l}^{\mathrm{w}}_{(\bar{l}^{\mathrm{m}})}$).

c) Ermitteln Sie ausgehend von den kontrafaktischen (standardisierten) Durchschnittslöhnen der Dienstleister den Niveau- und den Struktureffekt.

d) Führen Sie eine vollständige Zerlegung der Lohndifferenz $\bar{l}^{\mathrm{m}} - \bar{l}^{\mathrm{w}}$ durch.

e) Was folgern Sie aus der durchgeführten Komponentenzerlegung über die Bestimmungsgründe der vorgefundenen Lohndifferenz?

5.6 R-Code

R-5-1

```
## Daten einlesen
d <- read.csv2(file = "allbus2018.csv", stringsAsFactors = FALSE)
d <- d[d$ostwest==0,]
n <- nrow(d)
# absolute Häufigkeiten (pro Beruf)
beruf <- d$beruf
table(beruf)

## 9 Berufe auf 3 aggregieren
beruf3 <- beruf
beruf3[beruf<=2] <- 1              # 1, 2 zu 1
beruf3[beruf>=3 & beruf<=7] <- 2 # 3 bis 7 zu 2
beruf3[beruf==8 | beruf==9] <- 3 # 8, 9 zu 3
# absolute Häufigkeiten (pro Beruf)
table(beruf3)

## neue Berufzugehörigkeit an Datensatz anfügen
d$beruf3 <- beruf3
head(d)
```

R-5-2

```
# Anzahl an Beobachtungen
n <- nrow(d)

# Beschäftigungsanteile der Berufe insgesamt
a <- table(d$beruf3) / n
a

# Beschäftigungsanteile der Berufe der Frauen
beruf3w <- d$beruf3[d$geschlecht == 1]
nw <- length(beruf3w)
aw <- table(beruf3w) / nw
aw

# Beschäftigungsanteile der Berufe der Männer
beruf3m <- d$beruf3[d$geschlecht == 0]
nm <- length(beruf3m)
am <- table(beruf3m) / nm
am
```

R-5-3

```
# Strukturdifferenz
SD <- sum( abs(am-aw) )
SD

# normierte Strukturdifferenz
NSD <- 0.5 * SD; NSD
```

R-5-4

```
# euklidische Norm
EN <- sqrt( sum((am-aw)^2) )
EN
```

R-5-5

```
# Stundenlöhne in Vektor w speichern
w <- as.numeric(d$stlohn)
# Stundenlöhne getrennt nach Geschlecht
wf <- w[d$geschlecht == 1]
wm <- w[d$geschlecht == 0]

## berufliche Durchschnittslöhne (dl)
# Alle
dl <- tapply(X = w, INDEX = d$beruf3, FUN = mean)
dl
# Frauen
dlw <- tapply(X = wf, INDEX = beruf3w, FUN = mean)
dlw
# Männer
dlm <- tapply(X = wm, INDEX = beruf3m, FUN = mean)
dlm

## Durchschnittslöhne
# Männer
lmd <- sum(am * dlm)
lmd
# Frauen
lwd <- sum(aw * dlw)
lwd
# Alternativ aus Individualdaten
mean(wf)  # Frauen
mean(wm)  # Männer
```

R-5-6

```
# Frauen
lwam <- sum(dlw * am)
lwam
lwlm <- sum(dlm * aw)
lwlm

# Männer
lmaw <- sum(dlm * aw)
lmaw
lmlw <- sum(dlw * am)
lmlw
```

R-5-7

```
# Einfluss unterschiedlicher beruflicher Lohnhöhen
sum(dlm*am) - sum(dlw*am)
# Einfluss der unterschiedlichen Berufsstruktur
sum(dlm*am) - sum(dlm*aw)

# Niveaueffekt
sum(dlm*aw) - sum(dlw*aw)
# Struktureffekt
sum(dlw*am) - sum(dlw*aw)
```

R-5-8

```
# Ausgangspunkt: Diff. der durchschn. Löhne
sum(dlm*am) - sum(dlw*aw)

# Summe von Niveau- und Struktureffekt
sum(dlm*am) - sum(dlw*am) + sum(dlm*am) - sum(dlm*aw)

# vollständige Zerlegung der Differenz in den Durchschnittslöhnen
sum(dlm*am) - sum(dlw*aw)
# bzw.
(sum(dlm*am) - sum(dlw*am)) + (sum(dlm*am) - sum(dlm*aw)) -
  (sum((dlm-dlw)*(am-aw)))

# Analog: Standardisierung auf berufliche Durchschnittslöhne
#         und Beschäftigungsanteile der Frauen
(sum(dlm*aw) - sum(dlw*aw)) + (sum(dlw*am) - sum(dlw*aw)) +
  (sum((dlm-dlw)*(am-aw)))

# kein expliziter Mischeffekt ...
(sum(dlm*am) - sum(dlw*am)) + (sum(dlw*am) - sum(dlw*aw))
```

R-5-9

```
# Variablen aus dem Datensatz
w <- d$einkommen
sex <- d$geschlecht
st <- d$stunden
# Variablen nach Beispiel im Buch
Y <- sum(w)
E <- nrow(d)
S <- sum(st)
# Löhne getrennt nach Geschlecht
wf <- w[d$geschlecht == 1]
wm <- w[d$geschlecht == 0]
# Arbeitsstunden getrennt nach Geschlecht
sf <- st[d$geschlecht == 1]
sm <- st[d$geschlecht == 0]

# Durchschnittslohn
Yd <- Y / E; Yd
```

```
# oder
mean(w)
# andere Darstellung
Y/S * S/E

# Durchschnittslöhne der Männer
Ydm <- mean(wm)
Ydm
# Durchschnittslöhne der Frauen
Ydw <- mean(wf)
Ydw

# Verhältnis
Ydm / Ydw

## mittlerer Stundenlohn über alle Berufe
# Männer
lm <- (sum(wm)/sum(sm))
zm <- mean(sm)
lm * zm

# Frauen
lw <- (sum(wf)/sum(sf))
zw <- mean(sf)
lw * zw

# relativer Lohnunterschied
lm/lw * zm/zw
```

6
Preis- und Mengenindizes

In diesem Kapitel beschäftigen wir uns mit der Konstruktion von Preis- und Mengenindizes. In der amtlichen Statistik dominieren Preisindizes vom Typ Laspeyres, vom Typ Paasche und Kettenindizes, deren Konzeption wir darstellen. Für die Preisentwicklung in Deutschland präsentieren wir einige empirische Ergebnisse.

6.1 Einleitung

In diesem Kapitel werden Preis- und Mengenindizes besprochen. Umsätze zweier Perioden resultieren aus den jeweils in diesen Perioden gekauften Mengen zu den zu diesen Zeitpunkten geltenden Preisen. Damit verbunden sind sowohl Veränderungen der Mengen von der einen auf die andere Periode als auch Veränderungen der Preise. Die Entscheidungen über die Mengen sind dabei auch von den aktuell geltenden relativen Preisen bestimmt. Welche Mengen zu anderen Preisen gekauft worden wären, ist eine hypothetische Frage, die sich nicht beantworten lässt. Obwohl es sich somit um Fiktionen handelt, wenn Umsatzveränderungen in „reine" Preis- und „reine" Mengenveränderungen aufgegliedert werden, besteht ein großes Interesse an Informationen dieser Art. So ist etwa die Preisveränderung zum Vorjahr wesentliche Bestimmungsgröße für Nominallohnforderungen von Gewerkschaften, Anpassungen von Sozialleistungen usw. Weil statistische Informationen über Preise und ihre Entwicklung fast immer in Form von Preisindizes dargestellt werden, stellen wir im Folgenden die wichtigsten Methoden der Berechnung von Preisindizes dar. Die Konstruktionsideen von Preisindizes lassen sich auf die Berechnung von Mengenindizes übertragen.

6.2 Transaktionen, Mengen und Preise

Den gedanklichen Ausgangspunkt der Preisstatistik bilden einzelne Transaktionen, in denen eine jeweils bestimmte Menge einer bestimmten Gütersorte gegen eine bestimmte Menge Geld (ausgedrückt in Geldeinheiten, z. B. in Euro) verkauft bzw. gekauft wird. Wir verwenden folgende Definition von P. v. d. Lippe (1996: 401):

> „Preise sind bei Kaufverträgen verabredete Geldbeträge je Produkteinheit."

Der Preisbegriff bezieht sich demnach auf eine Einheit des Gutes. Von weiteren Leistungen oder Diensten (etwa Beratungstätigkeiten, Erläuterungen des adäquaten Gebrauchs, das Ambiente, usw.), die beim Güterkauf unter Umständen miterworben werden, abstrahieren wir. Diese Definition entspricht auch einer statistischen Betrachtungsweise, bei der durch Durchschnittsbildungen von den

Tabelle 6.1: Mengen, Preise und Umsätze in 4 Perioden.

Periode	q_1	q_2	q_3	p_1	p_2	p_3	u
1	1	2	3	4	3	2	16
2	2	2	3	4	3	3	23
3	1	1	4	5	5	2	18
4	2	2	3	4	4	1	19

individuellen Transaktionen bzw. Marktpreisen abstrahiert wird.

Wir nehmen an, dass es n Güter gibt und man für jedes Gut c_j folgende Größen kennt: Die gesamte Gütermenge q_{tj}, die in der Periode t umgesetzt worden ist, und den gesamten Geldbetrag u_{tj}, der dafür gezahlt worden ist. Der Marktpreis des Guts in der Periode t ist dann $p_{tj} = u_{tj}/q_{tj}$.[1]

6.3 Preisindizes auf Basis von Warenkorbvergleichen

Der Konstruktion von Preisindizes liegt die Fragestellung zugrunde, wie man sich ein Bild von der zeitlichen Entwicklung von Gesamtumsätzen machen kann, bei dem hypothetisch zwischen zwei Komponenten unterschieden wird: Veränderungen in den umgesetzten Gütermengen und Veränderungen in den Preisen. Zu betonen ist, dass es sich um fiktive Konstruktionen handelt, da den „Komponenten" keine empirischen Sachverhalte entsprechen. Um das Problem zu verdeutlichen, kann ein kleines Zahlenbeispiel dienen. Es wird angenommen, dass Daten für drei Gütersorten und vier Perioden verfügbar sind (Tabelle 6.1). R-6-1

Ein Problem besteht darin, dass man zur Repräsentation sowohl der Mengen als auch der Preise Vektoren benötigt; für die Mengen die Vektoren

$$\boldsymbol{q}_t = (q_{t1}, \ldots, q_{tn})'$$

und für die Preise die Vektoren

$$\boldsymbol{p}_t = (p_{t1}, \ldots, p_{tn})'.$$

[1] Dies ist eine theoretische Betrachtung. Tatsächlich werden nicht Umsätze von tatsächlichen Transaktionen in der Preisstatistik erfasst, sondern lediglich die Preise in Verkaufsstätten und Katalogen, zu denen Güter angeboten werden.

(Durch das Häckchen für die Transposition wird angezeigt, dass es sich um Spaltenvektoren handelt.) Wie sich diese Vektoren verändern, kann jedoch nicht durch einfache Zahlen ausgedrückt werden. Z. B. kann man nicht sagen, um wie viel Prozent $\boldsymbol{q}_2$ größer ist als $\boldsymbol{q}_1$.

Man kann jedoch *monetäre Gesamtumsätze*

$$u_t = \sum_{j=1}^{n} q_{tj}\, p_{tj} \;=\; \boldsymbol{q}_t'\, \boldsymbol{p}_t$$

berechnen. Für unser Beispiel sind die Werte in der letzten Spalte von Tabelle 6.1 angegeben. Somit kann man z. B. sagen, dass dieser Gesamtumsatz von der ersten zur zweiten Periode um rund 44 % zugenommen hat. Aber man kann nicht sagen, welcher Teil davon durch Veränderungen in den Mengen und welcher Teil durch Veränderungen in den Preisen zustande gekommen ist.

Um für dieses unlösbare Problem dennoch zu behelfsmäßigen Lösungen zu gelangen, haben sich Statistiker eine Vielzahl unterschiedlicher Indexkonstruktionen ausgedacht. In der Praxis werden hauptsächlich zwei Arten von Indizes verwendet. Beide können als Preis- und als Mengenindizes verwendet werden. Die erste Variante wird nach dem Statistiker Etienne Laspeyres (1834–1913) benannt. In der Form eines Preisindex lautet die Definition

$$\mathrm{P}^{\mathrm{l}}_{t_0 t_1} = \frac{\sum_{j=1}^{n} q_{t_0 j}\, p_{t_1 j}}{\sum_{j=1}^{n} q_{t_0 j}\, p_{t_0 j}} = \frac{\boldsymbol{q}_{t_0}'\, \boldsymbol{p}_{t_1}}{\boldsymbol{q}_{t_0}'\, \boldsymbol{p}_{t_0}}.$$

Um die Veränderung der Preise zwischen einer Anfangsperiode t_0 und einer späteren Periode t_1 „unter Ausschaltung von Mengenänderungen“ zu erfassen, wird hypothetisch angenommen, dass die in der Periode t_1 beobachteten Preise auch realisiert worden wären, wenn sich die Mengen nicht verändert hätten. Analog lautet die Definition für den Mengenindex nach Laspeyres

$$\mathrm{Q}^{\mathrm{l}}_{t_0 t_1} = \frac{\sum_{j=1}^{n} q_{t_1 j}\, p_{t_0 j}}{\sum_{j=1}^{n} q_{t_0 j}\, p_{t_0 j}} = \frac{\boldsymbol{q}_{t_1}'\, \boldsymbol{p}_{t_0}}{\boldsymbol{q}_{t_0}'\, \boldsymbol{p}_{t_0}}.$$

In diesem Fall wird angenommen, dass sich die Preise nicht verändert hätten, d.h. es werden zur Bewertung der Mengen jedes Mal die

Preise der Basisperiode t_0 verwendet.[2]

Eine andere Variante wurde von dem Statistiker Hermann Paasche (1851–1925) vorgeschlagen. Seine Definitionen verwenden nicht die Mengen bzw. Preise der Basisperiode t_0, sondern der jeweils aktuellen Periode t_1. Für den Preisindex gelangt man dann zur Definition

$$\mathrm{P}^{\mathrm{P}}_{t_0 t_1} = \frac{\sum_{j=1}^{n} q_{t_1 j}\, p_{t_1 j}}{\sum_{j=1}^{n} q_{t_1 j}\, p_{t_0 j}} = \frac{\boldsymbol{q}'_{t_1}\, \boldsymbol{p}_{t_1}}{\boldsymbol{q}'_{t_1}\, \boldsymbol{p}_{t_0}}$$

und für den korrespondierenden Mengenindex zur Definition

$$\mathrm{Q}^{\mathrm{P}}_{t_0 t_1} = \frac{\sum_{j=1}^{n} q_{t_1 j}\, p_{t_1 j}}{\sum_{j=1}^{n} q_{t_0 j}\, p_{t_1 j}} = \frac{\boldsymbol{q}'_{t_1}\, \boldsymbol{p}_{t_1}}{\boldsymbol{q}'_{t_0}\, \boldsymbol{p}_{t_1}}.$$

Zur Illustration berechnen wir die Indizes mit den Zahlen aus Tabelle 6.1. Zwei ausgewählte Preis- und Mengenindizes berechnen wir dabei in sehr ausführlicher Darstellung. Für den Preisindex nach Laspeyres für die Preisentwicklung von Periode 3 auf die Periode 4, d.h. $t_0 = 3$ und $t_1 = 4$ ergibt sich

$$\mathrm{P}^{\mathrm{l}}_{3,4} = \frac{\sum_{j=1}^{n} q_{t_0 j}\, p_{t_1 j}}{\sum_{j=1}^{n} q_{t_0 j}\, p_{t_0 j}} = \frac{1 \cdot 4 + 1 \cdot 4 + 4 \cdot 1}{1 \cdot 5 + 1 \cdot 5 + 4 \cdot 2} = 0.67.$$

Für den Mengenindex nach Paasche für die Mengenentwicklung von Periode 1 auf die Periode 2, d.h. $t_0 = 1$ und $t_1 = 2$ ergibt sich

$$\mathrm{Q}^{\mathrm{P}}_{1,2} = \mathrm{Q}^{\mathrm{P}}_{1,2} = \frac{\sum_{j=1}^{n} q_{t_1 j}\, p_{t_1 j}}{\sum_{j=1}^{n} q_{t_0 j}\, p_{t_1 j}} = \frac{2 \cdot 4 + 2 \cdot 3 + 3 \cdot 3}{1 \cdot 4 + 2 \cdot 3 + 3 \cdot 3} = 1.21.$$

Tabellen 6.2 und 6.3 zeigen die Werte der beiden Preis- und der beiden Mengenindizes für alle Perioden. R-6-2

Man erkennt, dass sich die Werte erheblich unterscheiden können. So wird verständlich, dass im Laufe der Zeit zahlreiche weitere Vorschläge für Indexkonstruktionen gemacht worden sind und die Diskussion über Vor- und Nachteile der verschiedenen Indizes bis heute anhält. Darauf soll hier nicht näher eingegangen werden.[3]

---

[2] In der Literatur werden die hypothetisch als konstant angenommenen Vektoren der Basisperiode (bei Preisindizes $\boldsymbol{q}_{t_0}$, bei Mengenindizes $\boldsymbol{p}_{t_0}$) oft als 'Wägungsschemas', in manchen Zusammenhängen auch als 'Warenkorb' bezeichnet.

[3] Man vgl. z.B. D. Kunz (1987: 282ff.), P. v.d. Lippe (1996: 407ff.), W.

Tabelle 6.2: Preis- und Mengenindizes (1).

t_0	t_1	$q'_{t_0} p_{t_0}$	$q'_{t_1} p_{t_0}$	$q'_{t_0} p_{t_1}$	$q'_{t_1} p_{t_1}$
1	2	16	20	19	23
2	3	23	19	26	18
3	4	18	26	12	19

Tabelle 6.3: Preis- und Mengenindizes (2).

t_0	t_1	$\mathrm{P}^{\mathrm{l}}_{t_0 t_1}$	$\mathrm{P}^{\mathrm{p}}_{t_0 t_1}$	$\mathrm{Q}^{\mathrm{l}}_{t_0 t_1}$	$\mathrm{Q}^{\mathrm{p}}_{t_0 t_1}$
1	2	1.19	1.15	1.25	1.21
2	3	1.13	0.95	0.83	0.69
3	4	0.67	0.73	1.44	1.58

6.4 Messziffernmittelung

Die dargestellten Preisindizes nach Laspeyres lassen sich auch in der Form der Messziffernmittelung darstellen. Ausgangspunkt sind die n Messziffern $m_{t_0 t_1, j} = p_{t_1 j} / p_{t_0 j}$ der betrachteten Güter für die Zeitpunkte t_1 und t_0. Um diese n verschiedenen Informationen über die Preisentwicklung zu aggregieren und dabei die unterschiedliche Bedeutung der einzelnen Güter zu berücksichtigen, bietet es sich an, diese gewichtet zu mitteln. Als Gewichte können die Ausgabenanteile in der Periode t_1

$$g_{t_1 j} = \frac{q_{t_1 j} p_{t_1 j}}{\sum_{k=1}^{n} q_{t_1 k} p_{t_1 k}}$$

oder in der Periode t_0

$$g_{t_0 j} = \frac{q_{t_0 j} p_{t_0 j}}{\sum_{k=1}^{n} q_{t_0 k} p_{t_0 k}}$$

verwendet werden. Die Werte für das Zahlenbeispiel finden sich in den Tabellen 6.4 und 6.5. R-6-3

Berechnet man ein mit den Ausgabenanteilen der Periode t_0 gewichtetes arithmetisches Mittel der n Preismesszahlen, resultiert

Neubauer (1996), H. Rinne (1996: 321ff.), W. Krug, M. Nourney und J. Schmidt (1999: 368ff.).

Tabelle 6.4: Messziffern und Ausgabenanteile (1).

t_0	t_1	$m_{t_0,t_1 1}$	$m_{t_0,t_1 2}$	$m_{t_0,t_1 3}$
1	2	1.000	1.000	1.500
2	3	1.250	1.667	0.667
3	4	0.800	0.800	0.500

Tabelle 6.5: Messziffern und Ausgabenanteile (2).

t_0	t_1	$g_{t_0 1}$	$g_{t_0 2}$	$g_{t_0 3}$	$g_{t_1 1}$	$g_{t_1 2}$	$g_{t_1 3}$
1	2	0.250	0.375	0.375	0.348	0.261	0.391
2	3	0.348	0.261	0.391	0.278	0.278	0.444
3	4	0.278	0.278	0.444	0.421	0.421	0.158

der Preisindex nach Laspeyres:

$$\begin{aligned} \mathrm{P}^{\mathrm{l}}_{t_0 t_1} &= \sum_{j=1}^{n} m_{t_0 t_1, j} g_{t_0 j} = \sum_{j=1}^{n} \frac{p_{t_1 j}}{p_{t_0 j}} \frac{q_{t_0 j} p_{t_0 j}}{\sum_{k=1}^{n} q_{t_0 k} p_{t_0 k}} \\ &= \frac{\sum_{j=1}^{n} q_{t_0 j} p_{t_1 j}}{\sum_{j=1}^{n} q_{t_0 j} p_{t_0 j}}. \end{aligned}$$

Das mit den Ausgabenanteilen der Periode t_1 gewichtete harmonische Mittel der Preismesszahlen führt zum Preisindex nach Paasche:

$$\begin{aligned} \mathrm{P}^{\mathrm{p}}_{t_0 t_1} &= \frac{1}{\sum_{j=1}^{n} \frac{1}{m_{t_0 t_1, j}} g_{t_1 j}} = \frac{1}{\sum_{j=1}^{n} \frac{p_{t_0 j}}{p_{t_1 j}} \frac{q_{t_1 j} p_{t_1 j}}{\sum_{k=1}^{n} q_{t_1 k} p_{t_1 k}}} \\ &= \frac{\sum_{j=1}^{n} q_{t_1 j} p_{t_1 j}}{\sum_{j=1}^{n} q_{t_1 j} p_{t_0 j}}. \end{aligned}$$

Ermitteln wir zur Veranschaulichung den Laspeyres-Preisindex für die Preisentwicklung der Periode 1 auf die Periode 2:

$$\begin{aligned} \mathrm{P}^{\mathrm{l}}_{t_1 t_2} &= \sum_{j=1}^{n} m_{t_0 t_1, j} g_{t_0 j} \\ &= 1 \cdot 0.250 + 1 \cdot 0.375 + 1.5 \cdot 0.375 = 1.19. \end{aligned}$$

Für den Preisindex nach Paasche für die Entwicklung der Preise von der Periode 3 auf die Periode 4 ergibt sich

$$\begin{aligned}\mathrm{P}^{\mathrm{p}}_{t_3 t_4} &= \frac{1}{\sum_{j=1}^{n} \frac{1}{m_{t_0 t_1, j}} g_{t_1 j}} \\ &= \frac{1}{\frac{1}{0.8} \cdot 0.421 + \frac{1}{0.8} \cdot 0.421 + \frac{1}{0.5} \cdot 0.158} = 0.73.\end{aligned}$$

6.5 Repräsentativgewichtung: Einzelpreise und Ausgabenanteile

Die Darstellung in der Form der Messziffernmittelung ist von praktischer Bedeutung, weil z. B. beim Verbraucherpreisindex zwar rund 300,000 Einzelpreise, aber Ausgabenanteile nur für 700 Güter und Dienstleistungen ermittelt werden. Die vielen (im Mittel 429) Einzelpreise p_{ij} $(i = 1, \ldots, n_j)$ eines Gutes oder einer Dienstleistung c_j werden in den Perioden t_0 und t_1 ungewichtet gemittelt, und aus diesen mittleren Preisen wird eine Preismesszahl gebildet, die dann mit dem Ausgabenanteil gewichtet wird. Dieses Vorgehen wird als Repräsentativgewichtung bezeichnet.[4] Im Fall des Verbraucherpreisindex wird somit gerechnet

$$\mathrm{P}^{\mathrm{l}}_{t_0, t_1} = \sum_{j=1}^{n} \frac{\bar{p}_{t_1 j}}{\bar{p}_{t_0 j}} g_{t_0 j},$$

$$\text{mit} \quad \bar{p}_{t_1 j} = \frac{1}{n_j} \sum_{i=1}^{n_j} p_{t_1 ij} \quad \text{und} \quad \bar{p}_{t_0 j} = \frac{1}{n_j} \sum_{i=1}^{n_j} p_{t_0 ij}.$$

Hier ist zu beachten, dass durch diese Vorgehensweise teure Güter in stärkerem Maße berücksichtigt werden, weil das Verhältnis der Durchschnittspreise gerade das mit den Preisen der Periode t_0 gewichtete arithmetische Mittel der Preismesszahlen ist (vgl. W. Neubauer 1996: 77f). Dies lässt sich darstellen durch

$$\frac{\bar{p}_{t_1 j}}{\bar{p}_{t_0 j}} = \frac{\sum_{i=1}^{n_j} p_{t_1 ij}}{\sum_{i=1}^{n_j} p_{t_0 ij}} = \frac{\sum_{i=1}^{n_j} \frac{p_{t_1 ij}}{p_{t_0 ij}} p_{t_0 ij}}{\sum_{i=1}^{n_j} p_{t_0 ij}}.$$

[4] Preise, Verbraucherpreisindizes für Deutschland, Jahresbericht 2010, Statistisches Bundesamt, Wiesbaden 2011.

Die angeführten Definitionen zeigen, dass sich Preisindizes stets auf zwei Zeitperioden beziehen. Man kann also nicht von einem absoluten Preisniveau, sondern nur von Veränderungen des Preisniveaus sprechen, wobei natürlich die Veränderungen auch davon abhängen, welche Arten von Preisindizes verwendet werden. Außerdem ist klar, dass stets eine Angabe der Gütersorte erfolgen muss, auf deren Transaktionen sich Veränderungen des Preisniveaus beziehen sollen. Das Statistische Bundesamt berechnet deshalb eine Vielzahl unterschiedlicher Preisindizes, die sich auf jeweils unterschiedlich ausgesuchte Arten von Gütern beziehen.

6.6 Konstruktion von Indexziffern

Da in der amtlichen Statistik zumeist Indexziffern (auch Indexzahlen genannt) ausgewiesen werden, sollen diese kurz besprochen werden. Als Beispiel wird auf Preisindizes Bezug genommen (ganz analoge Überlegungen gelten für Mengenindizes). Das Ziel besteht in diesem Fall darin, die Preisentwicklung (Veränderungen des Preisniveaus) während einer Folge von Perioden $t_0, t_1, t_2, \ldots$ darzustellen. t_0 wird als *Basisperiode* bezeichnet. Werden Laspeyres-Indizes verwendet, bezieht sich auch meistens das Wägungsschema auf diese Basisperiode, und es wird dann für alle weiteren Perioden unverändert beibehalten, bis (in größeren zeitlichen Abständen) ein neues Wägungsschema eingeführt wird. Das Wägungsschema gibt die Ausgabenanteile für Gütergruppen an und dient der Gewichtung der Preismessziffern. Der Indexziffer, mit der Veränderungen des Preisniveaus erfasst werden sollen, wird in der Basisperiode der Wert 100 gegeben. Bezeichnet I_t die Indexziffer, wird also $I_{t_0} = 100$ gesetzt. Die weiteren Werte ergeben sich dann aus den Preisindizes. Tabelle 6.6 verdeutlicht die Berechnung.

Zur Illustration können folgende Indexziffern für die Erzeugerpreise gewerblicher Produkte der Gütergruppe 10 11 12 (Schweinefleisch, frisch oder gekühlt) dienen.[5] Tabelle 6.7 zeigt die Preisentwicklung von 2013 bis 2018. R-6-4

Als Basisperiode dient in diesem Fall das Jahr 2015. Im Übergang von 2013 nach 2014 hat das Preisniveau um −5.6 % abgenommen,

[5]Statistisches Bundesamt, Genesis-Online, Index der Erzeugerpreise gewerblicher Produkte (Inlandsabsatz), nach dem Güterverzeichnis für Produktionsstatistiken, Ausgabe 2009 (GP 2009).

Tabelle 6.6: Berechnung von Indexziffern für das Preisniveau.

t	Preisindex	Indexziffer
t_0		$I_{t_0} = 100$
t_1	$\mathrm{P}_{t_0 t_1}$	$I_{t_1} = I_{t_0}\ \mathrm{P}_{t_0 t_1}$
t_2	$\mathrm{P}_{t_1 t_2}$	$I_{t_2} = I_{t_1}\ \mathrm{P}_{t_1 t_2}$
t_3	$\mathrm{P}_{t_2 t_3}$	$I_{t_3} = I_{t_2}\ \mathrm{P}_{t_2 t_3}$
t_4	$\mathrm{P}_{t_3 t_4}$	$I_{t_4} = I_{t_3}\ \mathrm{P}_{t_3 t_4}$

Tabelle 6.7: Erzeugerpreisentwicklung, Schweinefleisch, frisch oder gekühlt.

Jahr	2013	2014	2015	2016	2017	2018
Indexziffer	115.6	109.1	100.0	104.1	113.0	104.0
Proz. Ver.		-5.6	-8.3	4.1	8.5	-8.0

im Übergang von 2014 nach 2015 um

$$\left(\frac{100.0}{109.1} - 1\right) \cdot 100 \approx -8.3\,\%,$$

usw. Zugrunde liegen Preisindizes nach Laspeyres, die, wie Tabelle 6.6 zeigt, direkt aus den prozentualen Veränderungen der Indexziffern berechnet werden können.

6.6.1 Der Verbraucherpreisindex

Der Verbraucherpreisindex (früher Preisindex der Lebenshaltung) ist der meistbeachtete Preisindex und seine prozentuale Veränderung wird üblicherweise als Inflationsrate bezeichnet. Der Index wird nach der Indexformel von Laspeyres berechnet, und im Schnitt wird alle fünf Jahre das Wägungsschema aktualisiert. Die Datengrundlage des Verbraucherpreisindex wird sehr aufwendig ermittelt. Monatlich erfassen ungefähr 600 Preiserheber in 188 Gemeinden rund 300,000 Einzelpreise in knapp 40,000 Berichtsstellen (z. B. Einzelhandelsgeschäfte, Dienstleister, Internetanbieter). Die Berichtsgemeinden sind regional über das gesamte Bundesgebiet verteilt und bestehen sowohl aus Großstädten als auch aus mittleren und kleinen Gemeinden. Der Warenkorb besteht aus rund 700 Gütern und Dienstleistungen. Für diese Güter und Dienstleistungen werden ausgehend von den rund 300,000 Einzelpreisen mittlere

Preisveränderungen berechnet. In die Indexformel gehen die für diese Güter und Dienstleistungen ermittelten Preismessziffern ein, die mit den jeweiligen Ausgabenanteilen im Basisjahr gewichtet werden. Grundlage der Ermittlung des Wägungsschemas sind die Einkommens- und Verbrauchsstichprobe (EVS), die das Ausgabeverhalten von rund 6000 Haushalten erfasst, sowie die Laufenden Wirtschaftsrechnungen und die Steuerstatistik.

Für die letzten fünf Basisjahre – 1995, 2000, 2005, 2010 und 2015 – sind für 12 Gütergruppen (Abteilungen des Güterverzeichnisses) die Anteile an den Ausgaben in der Tabelle 6.8 dargestellt.[6] Innerhalb des Zeitraums von 20 Jahren haben sich teilweise deutliche Veränderungen der Ausgabenanteile ergeben. So hat sich z. B. der Anteil für Nachrichtenübermittlung um 18 % erhöht, der Anteil der Ausgaben für Bekleidung und Schuhe um 34 % verringert.

[6] Statistisches Bundesamt (2019), Preise, Verbraucherpreisindex für Deutschland, Wägungsschema f.d. Basisjahr 2015, Wiesbaden, S.2.

Tabelle 6.8: Verbraucherpreisindex (VPI): Wägungsschema (1995, 2000, 2005, 2010, 2015), $\sum = 1000$.

Abteilungen	1995	2000	2005	2010	2015
Nahrungsm. und alkoholfreie Getränke	131.26	103.35	103.55	102.71	96.85
Alkoholische Getränke und Tabakwaren	41.67	36.73	38.99	37.59	37.77
Bekleidung und Schuhe	68.76	55.09	48.88	44.93	45.34
Wohnung, Wasser, Strom, Gas etc.	274.77	302.66	308.00	317.29	324.70
Einrichtungsgegenstände	70.56	68.54	55.87	49.78	50.04
Gesundheitspflege	34.39	35.46	40.27	44.44	46.13
Verkehr	138.82	138.65	131.90	134.73	129.05
Nachrichtenübermittlung	22.66	25.21	31.00	30.10	26.72
Freizeit, Unterhaltung, Kultur	103.57	110.85	115.68	114.92	113.36
Bildungswesen	6.51	6.66	7.40	8.80	9.02
Beherbergungs- und Gaststättendienstl.	46.08	46.57	43.99	44.67	46.77
Andere Waren und Dienstleistungen	60.95	70.23	74.47	70.04	74.25

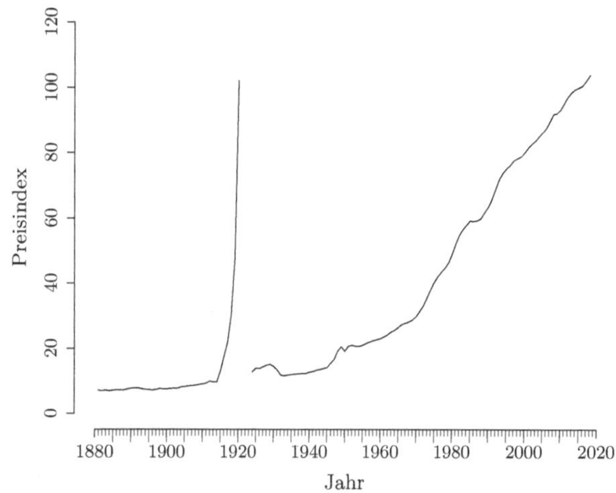

Abbildung 6.1: Preisentwicklung 1881–2018, 2015=100.

6.6.2 Entwicklung der Verbraucherpreise seit 1881

Das Statistische Bundesamt veröffentlicht in der Fachserie 17 Preise[7] eine lange Zeitreihe zur Entwicklung der Verbraucherpreise, die bis 1881 zurückreicht (vgl. Abb. 6.1).

Für die Zusammenstellung mussten dabei mehrere Indexreihen verwendet werden, die sich auf verschiedene Gebietsstände und verschiedene Haushaltstypen beziehen. Die genaueren Angaben über die verketteten Indexreihen übernehmen wir vom Statistischen Bundesamt. Folgende Daten dienten als Grundlage der Nachweisung:

1. Für die Jahre 1881 bis 1913 ist der Durchschnitt aus 10 Indexziffern (Ernährung) verschiedener privater Autoren ermittelt worden.

2. In den Jahren 1914 bis 1923 wurde die Preisentwicklung in den wichtigsten Teilbereichen der Lebenshaltung durch die amtliche Statistik beobachtet. Für die Zeit von 1914 bis 1919

[7]Statistisches Bundesamt (2011), Fachserie 17, Preise, Verbraucherpreisindizes für Deutschland, Jahresbericht 2010, Wiesbaden. Die aktuellen Werte stammen aus Genesis-Online, Verbraucherpreisindex, Jahreswerte.

wurde der Durchschnitt aus den Gütergruppen Ernährung, Wohnung, Hausrat und Bekleidung berechnet, für die Jahre 1920 und 1921 der Durchschnitt aus den Gütergruppen Ernährung, Wohnung, Heizung, Beleuchtung und Bekleidung.

3. Wegen der sprunghaften Geldentwertung erschien eine Berechnung für die Jahre 1922 und 1923 nicht angebracht.

4. Indizes, die die Verbraucherpreisentwicklung in allen Bereichen der Lebenshaltung in Deutschland aufzeigen, werden seit 1924 berechnet. Das Statistische Reichsamt veröffentlichte bis 1944 die „Reichsindexziffer für die Lebenshaltungskosten".

5. Seit 1945 werden verschiedene Preisindizes für die Lebenshaltung vom Statistischen Bundesamt bzw. dessen Vorgängerorganisation berechnet. Der Reihe liegt von 1945 bis 1961 der „Preisindex für die Lebenshaltung von 4-Personen-Haushalten von Arbeitern und Angestellten mit mittlerem Einkommen" zu Grunde.

6. Ab 1962 ist der „Preisindex für die Lebenshaltung aller Privaten Haushalte" in den jeweiligen Gebietsständen maßgeblich.

7. Die Jahresdurchschnitte ab 1949 wurden als arithmetisches Mittel aus den gerundeten Monatsindizes berechnet und auf eine Nachkommastelle gerundet. Bei der Berechnung der Monatswerte ab Juni 1948 wurden die jeweils auf der Originalbasis berechneten Indizes zu Grunde gelegt.

Abbildung 6.2 zeigt bis zum Beginn der extremen Inflation im Jahre 1919 einen erratischen Verlauf mit mäßigen Preisveränderungen. Für die Jahre der Hyperinflation 1920 bis 1924 werden keine Preisveränderungen ausgewiesen.[8] In den Jahren der Depression 1931 und 1932 betragen die Preisrückgänge −8.1 % und −11.4 %. In den Jahren unmittelbar nach dem zweiten Weltkrieg zeigen sich extreme Preisveränderungen (1948: 15.3 %, 1950: −6.2 %). In den Jahren 1971 bis 1975 sowie in den Jahren 1981 und 1982 waren Inflationsraten von über 5 % zu verzeichnen. Seit Mitte der 90er Jahre sind die Preisveränderungen sehr moderat.

[8] In Abbildung 6.2 wurden zusätzlich die Jahre 1915 bis 1919 mit ausgesprochen hohen Inflationsraten nicht berücksichtigt.

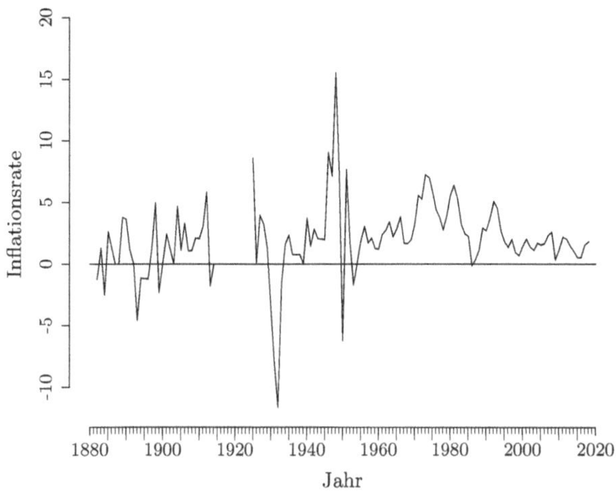

Abbildung 6.2: Jährliche Preisveränderung 1881–2018.

6.7 Kettenindizes

Im Rahmen der Revision der Volkswirtschaftlichen Gesamtrechnung des Jahres 2005 wurden in Deutschland Kettenindizes eingeführt.[9] Anstelle der bisher verwendeten Laspeyres-Indizes zur Preismessung mit fester Basis werden nun verkettete Lasypeyres-Indizes mit Vorjahresbasis verwendet. Wurde bisher lediglich im Fünf-Jahresrhythmus bei Anpassung des Basisjahres verkettet, wird nun jährlich verkettet. Damit geht auch bei der Ermittlung der „preisbereinigten Größen" eine Änderung einher. Anstelle des Ausweises in konstanten Preisen einer Basisperiode werden nun lediglich Kettenindizes der preisbereinigten Wertgrößen veröffentlicht.

[9] Statistisches Bundesamt, Revision der Volkswirtschaftlichen Gesamtrechnungen 2005 für den Zeitraum 1991 bis 2004, Wirtschaft und Statistik, 2005, 5, S.425–462.

6.7.1 Definition von Kettenindizes

Betrachten wir zunächst im Vergleich den bisherigen Laspeyres-Preisindex für die Perioden t_1 und t_2 auf fester Basis t_0:

$$\mathrm{P}^{\mathrm{l}}_{t_0 t_1} = \frac{\sum_{j=1}^{n} p_{t_1 j} q_{t_0 j}}{\sum_{j=1}^{n} p_{t_0 j} q_{t_0 j}} \quad \text{und} \quad \mathrm{P}^{\mathrm{l}}_{t_0 t_2} = \frac{\sum_{j=1}^{n} p_{t_2 j} q_{t_0 j}}{\sum_{j=1}^{n} p_{t_0 j} q_{t_0 j}}.$$

Aus den beiden Preisindizes der Perioden t_1 und t_2 lässt sich die Preisveränderung von Periode t_1 auf Periode t_2 mit fester Basis t_0 ermitteln:

$$\mathrm{P}^{\mathrm{l}}_{t_1 t_2,(t_0)} = \frac{\mathrm{P}^{\mathrm{l}}_{t_0 t_2}}{\mathrm{P}^{\mathrm{l}}_{t_0 t_1}} = \frac{\sum_{j=1}^{n} p_{t_2 j} q_{t_0 j}}{\sum_{j=1}^{n} p_{t_1 j} q_{t_0 j}}$$

Im Vergleich hierzu wird beim aktuell verwendeten Verfahren der Index

$$\mathrm{P}^{\mathrm{l}}_{t_1 t_2} = \frac{\sum_{j=1}^{n} p_{t_2 j} q_{t_1 j}}{\sum_{j=1}^{n} p_{t_1 j} q_{t_1 j}}$$

anstelle von $\mathrm{P}^{\mathrm{l}}_{t_1 t_2,(t_0)}$ berechnet. Für den Zeitraum von t_0 bis t_2 wird nun die Preisveränderung

$$\mathrm{P}^{\mathrm{K}}_{t_0 t_2} = \mathrm{P}^{\mathrm{l}}_{t_0,t_1}\, \mathrm{P}^{\mathrm{l}}_{t_1,t_2} = \frac{\sum_{j=1}^{n} p_{t_1 j} q_{t_0 j}}{\sum_{j=1}^{n} p_{t_0 j} q_{t_0 j}} \frac{\sum_{j=1}^{n} p_{t_2 j} q_{t_1 j}}{\sum_{j=1}^{n} p_{t_1 j} q_{t_1 j}}$$

ermittelt, indem die beiden Laspeyres-Preisindizes verkettet werden. Zwar sind aus beiden verketteten Laspeyres-Preisindizes Mengenveränderungen ausgeschaltet, jedoch gehen durch die beiden unterschiedlichen Basisjahre indirekt Mengenveränderungen in die Preismessung ein.

6.7.2 Vor- und Nachteile von Kettenindizes

Beim Laspeyres-Index werden bei zurückliegendem Basisjahr nicht mehr aktuelle Mengenrelationen verwendet. Da tendenziell zwischen den Mengen- und Preismesszahlen der Güter eine negative Korrelation vorliegt, überzeichnet der Laspeyres-Preisindex die Preissteigerung umso stärker, je weiter das Basisjahr zurückliegt. Mit der Vorjahrespreisbasis wird dieses „Veralten des Warenkorbs" vermieden. Bei der Anpassung des Basisjahres eines Laspeyres-Index ergeben sich bei den Revisionen (rückwirkend) immer Änderungen der zuvor ausgewiesenen Preis- und Mengenveränderungen.

Für die Preisveränderung des Jahres t_4 gegenüber t_3 z. B. ergibt sich vor bzw. nach Revision, d.h. Anpassung des Basisjahres von t_0 auf t_5

$$\mathrm{P}^{\mathrm{l}}_{t_3 t_4,(t_0)} = \frac{\sum_{j=1}^{n} p_{t_4 j} q_{t_0 j}}{\sum_{j=1}^{n} p_{t_3 j} q_{t_0 j}} \neq \mathrm{P}^{\mathrm{l}}_{t_3 t_4,(t_5)} = \frac{\sum_{j=1}^{n} p_{t_4 j} q_{t_5 j}}{\sum_{j=1}^{n} p_{t_3 j} q_{t_5 j}}$$

Und für die Mengenveränderungen ergibt sich

$$\mathrm{Q}^{\mathrm{l}}_{t_3 t_4,(t_0)} = \frac{\sum_{j=1}^{n} p_{t_0 j} q_{t_4 j}}{\sum_{j=1}^{n} p_{t_0 j} q_{t_3 j}} \neq \mathrm{Q}^{\mathrm{l}}_{t_3 t_4,(t_5)} = \frac{\sum_{j=1}^{n} p_{t_5 j} q_{t_4 j}}{\sum_{j=1}^{n} p_{t_5 j} q_{t_3 j}}.$$

Derartige rückwirkende Änderungen sind bei der Verwendung der Vorjahrespreisbasis ausgeschlossen.

Den Vorteilen stehen allerdings auch gravierende Nachteile gegenüber: Wie oben erwähnt, liefern Kettenpreisindizes keine konsistente Isolierung einer Preisveränderung. Der Bedeutungsgehalt eines bestimmten Indexstandes ist somit unklar. Der Kettenindex ist zudem nicht pfadinvariant. Sind etwa in Periode t_2 die Preise identisch zu denen in t_0, resultiert beim Laspeyres-Index

$$\mathrm{P}^{\mathrm{l}}_{t_0,t_2} = \frac{\sum_{j=1}^{n} p_{t_2 j} q_{t_0 j}}{\sum_{j=1}^{n} p_{t_2 j} q_{t_0 j}} = 1$$

und beim Kettenindex hingegen

$$\mathrm{P}^{\mathrm{K}}_{t_0,t_2} = \mathrm{P}^{\mathrm{l}}_{t_0,t_1}\,\mathrm{P}^{\mathrm{l}}_{t_1,t_2} = \frac{\sum_{j=1}^{n} p_{t_1 j} q_{t_0 j}}{\sum_{j=1}^{n} p_{t_2 j} q_{t_0 j}} \frac{\sum_{j=1}^{n} p_{t_0 j} q_{t_1 j}}{\sum_{j=1}^{n} p_{t_1 j} q_{t_1 j}} \neq 1.$$

6.7.3 Deflationierung mit Kettenindizes

Mit dem Übergang zur Vorjahrespreisbasis geht einher, dass vom Statistischen Bundesamt keine Zeitreihen von „realen Größen", d.h. von Mengensurrogaten durch die Verwendung konstanter Preise, mehr veröffentlicht werden. Informationen über den Privaten Verbrauch zweier Perioden t_0 und t_4 in den Preisen des Basisjahres t_0 werden z. B. nicht mehr veröffentlicht. Stattdessen werden lediglich jährliche „reale Wachstumsraten" ermittelt und zu Zeitreihen von Indizes verknüpft. Somit ist ein Vergleich etwa von

$\sum_{j=1}^{n} p_{t_0 j} q_{t_4 j}$ und $\sum_{j=1}^{n} p_{t_0 j} q_{t_0 j}$ nicht mehr möglich. Veröffentlicht wird lediglich die aufmultiplizierte relative Veränderung

$$\mathrm{Q}^{\mathrm{K}}_{t_0,t_4} = \mathrm{Q}^{\mathrm{l}}_{t_0,t_1}\,\mathrm{Q}^{\mathrm{l}}_{t_1,t_2}\,\mathrm{Q}^{\mathrm{l}}_{t_2,t_3}\,\mathrm{Q}^{\mathrm{l}}_{t_3,t_4}\,.$$

Auch hier gilt, dass aus den einzelnen Faktoren (Mengenindizes) Preisveränderungen eliminiert sind, aber durch die unterschiedlichen Basisjahre indirekt Preisveränderungen eingehen.

Während in der Preisstatistik, etwa beim Verbraucherpreisindex, Laspeyres-Preisindizes berechnet werden, sind die Preisindizes der Verwendungsrechnung der Volkswirtschaftlichen Gesamtrechnungen implizite Kettenindizes vom Typ Paasche. Ausgangsbasis sind die mit Vorjahrespreisen berechneten („deflationierten") Größen $\sum_{j=1}^{n} p_{t_0 j} q_{t_1 j}$. Die Division der Werte in jeweiligen Preisen führt zu „impliziten" Paasche-Indizes

$$\mathrm{P}^{\mathrm{P}}_{t_0,t_1} = \frac{\sum_{j=1}^{n} p_{t_1 j} q_{t_1 j}}{\sum_{j=1}^{n} p_{t_0 j} q_{t_1 j}}.$$

6.8 Aufgaben

1. Die nachfolgende Tabelle enthält die Preise und Mengen von zwei Gütern in drei Perioden:

	Preise		Mengen	
t	Gut A	Gut B	Gut A	Gut B
0	18	50	4	10
1	20	48	6	9
2	21	51	5	15

a) Ermitteln Sie eine Tabelle mit den absoluten und den relativen Ausgaben für die beiden Güter in den drei Perioden.

b) Ermitteln Sie die Preismesszahlen der beiden Güter mit konstanter Basisperiode 0 und variabler Basisperiode (jeweilige Vorperiode).

c) Ermitteln Sie das mit den relativen Ausgaben der Periode 0 gewichtete arithmetische Mittel der Preismesszahlen der Perioden 1 bzw. 2 auf Basis der Periode 0. Wie nennt man dieses gewichtete arithmetische Mittel?

d) Ermitteln Sie das mit den relativen Ausgaben der Periode 1 gewichtete harmonische Mittel der Preismesszahlen der Periode 1 auf Basis der Periode 0.

e) Ermitteln Sie analog zu Aufgabe d das gewichtete harmonische Mittel der Preismeßzahlen der Periode 2 auf Basis der Periode 1 unter Verwendung der Ausgaben der Periode 2. Wie nennt man die von Ihnen berechneten harmonischen Mittelwerte?

f) Die von Ihnen ermittelten Preisindizes lassen sich auch anstelle über die Mittelung von Messzahlen über den Vergleich von Warenkörben, tatsächlichen und fiktiven, ermitteln. Berechnen Sie die Preisindizes auch auf diesem Wege.

g) Die beiden von Ihnen berechneten harmonischen Mittel messen die isolierte mittlere Preisveränderung von Periode 1 gegenüber Periode 0 bzw. von Periode 2 gegenüber Periode 0. Prüfen Sie, ob Sie aus diesen beiden isolierten Preisentwicklungen die isolierte Preisentwicklung von Periode 2 gegenüber Periode 1 ermitteln können.

h) Gelingt Ihnen die Ermittlung der isolierten Preisveränderung von Periode 1 auf Periode 2 bei den Preisindizes nach Laspeyres?

i) Berechnen Sie die beiden Mengenindizes $Q^{l}_{t_0,t_2}$ und $Q^{p}_{t_0,t_1}$.

2. Erläutern Sie die nachfolgenden drei Aussagen.

a) Kettenindizes besitzen im Vergleich zu Preisindizes vom Typ Laspeyres den Vorteil, dass weniger veraltete Gewichtungsschemata verwendet werden.

b) Kettenindizes sind nicht pfadinvariant.

c) Bei der Messung der Preisveränderung von Periode t_2 gegenüber t_0 mit Hilfe von Kettenindizes werden indirekt auch Mengenänderung erfasst.

6.9 R-Code

R-6-1

```
## Daten generieren
# Mengen
q1 <- c(1,2,3)
q2 <- c(2,2,3)
q3 <- c(1,1,4)
q4 <- c(2,2,3)
# Preise
p1 <- c(4,3,2)
p2 <- c(4,3,3)
p3 <- c(5,5,2)
p4 <- c(4,4,1)
# Matrix der Mengen
qm <- rbind(q1,q2,q3,q4)
qm
# Matrix der Preise
pm <- rbind(p1,p2,p3,p4)
pm
# Umsatz pro Gut
u.pro.Gut <- qm*pm
u.pro.Gut
u <- rowSums(u.pro.Gut)
u
```

R-6-2

```
## Preis- und Mengenindizes
# Daten Basisperiode
q0 <- qm[-4,]
q0
p0 <- pm[-4,]
p0
# Daten Berichtsperiode
q1 <- qm[-1,]
q1
p1 <- pm[-1,]
p1

# verschiedene Warenkörbe berechnen
q0p0 <- rowSums(q0*p0)
q0p0
q1p1 <- rowSums(q1*p1)
q1p1
q0p1 <- rowSums(q0*p1)
q0p1
q1p0 <- rowSums(q1*p0)
q1p0

# Preisindex nach Laspeyres
P_L <- q0p1/q0p0; P_L
```

```
# Preisindex nach Paasche
P_P <- q1p1/q1p0
P_P
# Mengenindex nach Laspeyres
Q_L <- q1p0/q0p0
Q_L
# Mengenindex nach nach Paasche
Q_P <- q1p1/q0p1
Q_P
```

R-6-3

```
# Messziffern
m <- p1 / p0
m

# Ausgabenanteile
g <- qm*pm/u
g0 <- g[-4,]
g0
g1 <-g[-1,]
g1
```

R-6-4

```
# Erzeugerpreisentwicklung, Schweinefleisch, frisch oder gekühlt
Index <- c(115.6,109.1,100.0,104.1,113.0,104.0)
dIndex <- Index[-1]/Index[-6]*100 - 100
dIndex
```

7 Mehrdimensionale Variablen, bedingte Häufigkeiten und Streuungszerlegung

Die Varianz und die Standardabweichung sind wenig anschauliche Streuungsmaße. Lassen sich die Einheiten verschiedenen Klassen zuordnen, dann erlaubt die Streuungszerlegung eine vollständige Aufteilung der Gesamtstreuung in die Streuung innerhalb der Klassen und zwischen den Klassen. Bestehen zwischen den Komponenten einer mehrdimensionalen Variable Abhängigkeiten, dann liefern bedingte Häufigkeiten und bedingte Verteilungen Informationen über diese Abhängigkeiten.

Tabelle 7.1: Zweidimensionale Variable, Beispielswerte.

i	x_i	y_i	i	x_i	y_i	i	x_i	y_i
1	0	3	5	1	1	9	0	1
2	1	1	6	1	1	10	1	2
3	1	2	7	1	1	11	1	2
4	0	1	8	0	1	12	1	1

7.1 Mehrdimensionale Variablen

Viele Fragen der Statistik betreffen Zusammenhänge zwischen zwei oder mehr Variablen. Mehrere Variablen müssen dann simultan betrachtet werden, und wir sprechen von zwei- oder mehrdimensionale Variablen. Für eine zweidimensionale Variable verwenden wir beispielsweise die Notation (X, Y), um deutlich zu machen, dass die beiden Komponenten, X und Y, simultan betrachtet werden sollen. Eine solche Variable ordnet jeder Einheit zwei Merkmalswerte zu, einen Wert x_i von X und einen Wert y_i von Y. Um auszudrücken, dass beide Werte zur gleichen Einheit gehören, schreiben wir sie auch in der Form (x_i, y_i) als *einen* Wert der Variablen (X, Y).

Zur Illustration zeigt Tabelle 7.1 zufällig erzeugte Werte einer zweidimensionalen Variable (X, Y) für 12 Einheiten. R-7-1

Die Häufigkeitsfunktion einer zweidimensionalen Variablen (X, Y) hat die Form $\mathrm{P}(X = x, Y = y)$. Sie gibt den Anteil der Einheiten an, bei denen X den Wert x *und* Y den Wert y annimmt; beispielsweise $\mathrm{P}(X = 0, Y = 3) = 1/12$ in unserem Zahlenbeispiel.

Natürlich kann man auch die beiden Komponenten separat betrachten. Die Verteilungen der einzelnen Variablen werden dann als Randverteilungen bezeichnet. Die Randverteilung von X wird durch

$$\mathrm{P}(X = x) = \sum_{k=1}^{K} \mathrm{P}(X = x, Y = \tilde{y}_k)$$

ausgedrückt, wobei $\tilde{y}_1, \ldots, \tilde{y}_K$ die möglichen Merkmalswerte von Y sind. Ganz analog kann die Randverteilung von Y definiert werden. Tabelle 7.2 zeigt für unser Zahlenbeispiel die gemeinsame Verteilung und die Randverteilungen.

Zu beachten ist, dass ausgehend von den Randverteilungen von

Tabelle 7.2: Gemeinsame Verteilung und Randverteilungen für das Zahlenbeispiel.

X/Y	Y=1	Y=2	Y=3	Insg.
X=0	0.250	0.000	0.083	0.333
X=1	0.417	0.250	0.000	0.667
Insg.	0.667	0.250	0.083	1.000

X und Y nicht auf die gemeinsamen Verteilung von (X, Y) geschlossen werden kann. In der Regel gibt es sehr viele verschiedene gemeinsame Verteilungen, die die gleichen Randverteilungen haben. R-7-2

7.2 Bedingte Häufigkeiten

Wir setzen wieder eine zweidimensionale Variable (X, Y) voraus. Oft gilt das Interesse der Verteilung von X unter der Bedingung, dass Y einen bestimmten Wert annimmt. Dies führt zur Idee einer bedingten Verteilung bzw. zu bedingten Häufigkeiten. Wir verwenden die Notation

$$\mathrm{P}(X = x \,|\, Y = y),$$

womit die Häufigkeit von $X = x$ in der Gesamtheit derjenigen Einheiten gemeint ist, bei denen Y den Wert y hat. Ganz analog kann man sich auf $\mathrm{P}(Y = y \,|\, X = x)$ beziehen.

Man kann diese bedingten Häufigkeiten durch die gemeinsame Verteilung und die Randverteilungen ausdrücken. So gilt zum Beispiel:

$$\mathrm{P}(X = x \,|\, Y = y) = \frac{\mathrm{P}(X = x, Y = y)}{\mathrm{P}(Y = y)}.$$

Für das Zahlenbeispiel der Tabelle 7.1 findet man beispielsweise die Häufigkeit von $X = 0$ unter der Bedingung, dass $Y = 1$ ist, durch

$$\mathrm{P}(X = 0 \,|\, Y = 1) = \frac{0.25}{0.667} = 0.375.$$

Betrachten wir jetzt eine zweidimensionale Variable (X, Y) für die $n = 1238$ Personen in unserem ALLBUS-File (Westdeutschland). X erfasst das Geschlecht (0 = männlich, 1 = weiblich), Y

Tabelle 7.3: Gemeinsame Verteilung inklusive der Randhäufigkeiten.

Geschlecht (X)/Beruf (Y)	0	1	Insg.
0	0.497	0.067	0.564
1	0.425	0.011	0.436
Insg.	0.922	0.078	1.000

erfasst den Beruf (1 = Führungskraft, 0 = andernfalls). Die gemeinsame Verteilung und die Randhäufigkeiten werden in Tabelle 7.3 dargestellt. R-7-3

Wir finden z. B.:

$$P(X = 1 \,|\, Y = 1) = \frac{P(X = 1, Y = 1)}{P(Y = 1)} = \frac{0.011}{0.078} = 0.141,$$

d.h., 14.1 % der Führungskräfte sind Frauen. Andererseits ist der Anteil der Männer in den übrigen Berufen $P(X = 0 \,|\, Y = 0) =$ 53.9 %.

Eine weitere wichtige Gleichung ist der Satz von Bayes. Für seine Formulierung nehmen wir an, dass die Merkmalswerte von X durch $\tilde{x}_1, \ldots, \tilde{x}_J$, die Merkmalswerte von Y durch $\tilde{y}_1, \ldots, \tilde{y}_K$ bezeichnet werden. Dann gilt folgende Gleichung:

$$\begin{aligned} P(Y = \tilde{y}_k \,|\, X = \tilde{x}_j) &= \frac{P(X = \tilde{x}_j \,|\, Y = \tilde{y}_k)\; P(Y = \tilde{y}_k)}{P(X = \tilde{x}_j)} \\ &= \frac{P(X = \tilde{x}_j \,|\, Y = \tilde{y}_k)\; P(Y = \tilde{y}_k)}{\sum_{k=1}^{K} P(X = \tilde{x}_j \,|\, Y = \tilde{y}_k)\; P(Y = \tilde{y}_k)} \end{aligned}$$

Zur Illustration bleiben wir bei dem Beispiel. Wären die Anteile der Frauen in den beiden Berufsgruppen, d.h. $P(X = 1 \,|\, Y = 0)$ und $P(X = 1 \,|\, Y = 1)$ sowie die unbedingten Berufsgruppenanteile $P(Y = 0)$ und $P(Y = 1)$ bekannt, ließe sich daraus mit Hilfe des Satzes von Bayes die bedingte Häufigkeit einer Führungsposition für Frauen ausrechnen:

$$\begin{aligned} &P(Y = 1 \,|\, X = 1) \\ &= \frac{P(X = 1 \,|\, Y = 1)\; P(Y = 1)}{P(X = 1 \,|\, Y = 0)\; P(Y = 0) + P(X = 1 \,|\, Y = 1)\; P(Y = 1)} \\ &= \frac{0.141 \cdot 0.078}{0.461 \cdot 0.922 + 0.141 \cdot 0.078} = 0.025. \end{aligned}$$

7.3 Streuungszerlegung

Wir betrachten wieder eine zweidimensionale Variable (X, Y) mit Werten (x_i, y_i) für n Einheiten. Die Merkmalswerte von X werden durch $\tilde{x}_1, \ldots, \tilde{x}_J$, die Merkmalswerte von Y durch $\tilde{y}_1, \ldots, \tilde{y}_K$ bezeichnet. Wir stellen uns vor, dass die Gesamtheit der Einheiten entsprechend den Werten von Y aus K Klassen besteht, und wir möchten zeigen, dass sich die Varianz von X im Hinblick auf diese Klassen auf eine interessante Weise zerlegen lässt. Wir beginnen mit der Varianz von X:

$$\begin{aligned}\sigma_X^2 &= \sum_{j=1}^{J} (\tilde{x}_j - \bar{x})^2 \, \mathrm{P}(X = \tilde{x}_j) \\ &= \sum_{j=1}^{J} (\tilde{x}_j - \bar{x})^2 \sum_{k=1}^{K} \mathrm{P}(X = \tilde{x}_j \,|\, Y = \tilde{y}_k) \, \mathrm{P}(Y = \tilde{y}_k) \\ &= \sum_{k=1}^{K} \sum_{j=1}^{J} (\tilde{x}_j - \bar{x})^2 \, \mathrm{P}(X = \tilde{x}_j \,|\, Y = \tilde{y}_k) \, \mathrm{P}(Y = \tilde{y}_k).\end{aligned}$$

Wenn $\bar{x}_k$ den Mittelwert von X in der Klasse $Y = \tilde{y}_k$ bezeichnet, lässt sich in der letzten Zeile anstelle von $(\tilde{x}_j - \bar{x})^2$ auch

$$(\tilde{x}_j - \bar{x}_k + \bar{x}_k - \bar{x})^2 = (\tilde{x}_j - \bar{x}_k)^2 + (\bar{x}_k - \bar{x})^2 + 2\,(\tilde{x}_j - \bar{x}_k)\,(\bar{x}_k - \bar{x})$$

schreiben. Der letzten Zeile entsprechen also drei Summanden. Der erste Summand ist

$$\begin{aligned}&\sum_{k=1}^{K} \sum_{j=1}^{J} (\tilde{x}_j - \bar{x}_k)^2 \, \mathrm{P}(X = \tilde{x}_j \,|\, Y = \tilde{y}_k) \, \mathrm{P}(Y = \tilde{y}_k) \\ &= \sum_{k=1}^{K} \sigma_{X\,|\,\tilde{y}_k}^2 \, \mathrm{P}(Y = \tilde{y}_k),\end{aligned}$$

wobei $\sigma_{X\,|\,\tilde{y}_k}^2 = \sum_{j=1}^{J} (\tilde{x}_j - \bar{x}_k)^2 \, \mathrm{P}(X = \tilde{x}_j \,|\, Y = \tilde{y}_k)$ die Varianz von X in der Klasse $Y = \tilde{y}_k$ ist. Der zweite Summand ist

$$\sum_{k=1}^{K} \sum_{j=1}^{J} (\bar{x}_k - \bar{x})^2 \, \mathrm{P}(X = \tilde{x}_j \,|\, Y = \tilde{y}_k) \, \mathrm{P}(Y = \tilde{y}_k)$$
$$= \sum_{k=1}^{K} (\bar{x}_k - \bar{x})^2 \, \mathrm{P}(Y = \tilde{y}_k).$$

Der dritte Summand ist 0, wie man durch folgende Umformung zeigen kann:

$$2 \sum_{k=1}^{K} \sum_{j=1}^{J} (\tilde{x}_j - \bar{x}_k)(\bar{x}_k - \bar{x}) \, \mathrm{P}(X = \tilde{x}_j \,|\, Y = \tilde{y}_k) \, \mathrm{P}(Y = \tilde{y}_k)$$
$$= 2 \sum_{k=1}^{K} (\bar{x}_k - \bar{x}) \, \mathrm{P}(Y = \tilde{y}_k) \sum_{j=1}^{J} (\tilde{x}_j - \bar{x}_k) \, \mathrm{P}(X = \tilde{x}_j \,|\, Y = \tilde{y}_k)$$
$$= 2 \sum_{k=1}^{K} (\bar{x}_k - \bar{x}) \, \mathrm{P}(Y = \tilde{y}_k) \cdot 0 = 0,$$

da in jeder der K Klassen die Summe der mit den Häufigkeiten gewichteten Abweichungen vom arithmetischen Mittel gerade 0 ist (Nulleigenschaft des arithmetischen Mittels).

Die Varianz von X besteht also aus zwei Summanden

$$\sigma_X^2 = \sum_{k=1}^{K} \sigma_{X|\tilde{y}_k}^2 \, \mathrm{P}(Y = \tilde{y}_k) + \sum_{k=1}^{K} (\bar{x}_k - \bar{x})^2 \, \mathrm{P}(Y = \tilde{y}_k).$$

Der erste Summand ist ein Mittelwert der Varianzen in den einzelnen Klassen (interne Varianz), der zweite Summand zeigt die Streuung der Klassenmittelwerte um den gesamten Mittelwert und kann als Varianz zwischen den Klassen (externe Varianz) interpretiert werden.

Zur Illustration betrachten wir eine Variable (X, Y) für die 1238 Personen in unserem ALLBUS-File (Westdeutschland). X erfasst die Löhne, Y erfasst den Beruf, wobei wir jetzt alle $K = 9$ Berufe unterscheiden. Tabelle 7.4 zeigt die Anteile der Berufe $\mathrm{P}(Y = \tilde{y}_k)$, die Durchschnittslöhne in den Berufen $\bar{x}_k$, die Varianzen in den

Tabelle 7.4: Streuungszerlegung, Lohn und Beruf.

Beruf	$\mathrm{P}(Y = \tilde{y}_k)$	$\bar{x}_k$	$\sigma^2_{X\,\vert\,\tilde{y}_k}$	$(\bar{x}_k - \bar{x})^2$
1 Führungskräfte	0.078	3.773	5.037	2.215
2 Akademiker	0.243	2.971	2.872	0.471
3 Techniker	0.263	2.023	1.099	0.068
4 Bürokräfte	0.096	1.749	0.738	0.287
5 Dienstleister	0.093	1.568	1.061	0.513
6 Bauern	0.018	1.872	2.233	0.170
7 Handwerker	0.118	2.059	0.598	0.051
8 Monteure	0.051	1.878	0.432	0.165
9 Hilfsarbeiter	0.040	1.228	0.272	1.118

Berufen $\sigma^2_{X\,|\,\tilde{y}_k}$ und die quadrierten Abweichungen der Klassenmittel vom Gesamtmittelwert. Um allzu große Zahlen zu vermeiden, betrachten wir in diesem Beispiel die Netto-Einkommen in 1000 Euro. R-7-4

Für die durchschnittliche Streuung der Löhne in den Berufen erhalten wir

$$\sum_{k=1}^{K} \sigma^2_{X\,|\,\tilde{y}_k}\ \mathrm{P}(Y = \tilde{y}_k) = 1.695.$$

Für die Streuung der Durchschnittslöhne der Berufe ergibt sich

$$\sum_{k=1}^{K} (\bar{x}_k - \bar{x})^2\ \mathrm{P}(Y = \tilde{y}_k) = 0.443.$$

Beide Varianzkomponenten addieren sich zur Gesamtvarianz $\sigma^2_X = 2.138$. Das Verhältnis der Varianz zwischen den Klassen zur Gesamtvarianz gibt Auskunft darüber, welcher Anteil der Gesamtvarianz durch die Klassenzugehörigkeit (hier: die verschiedenen Berufe) erklärt werden kann. In unserem Beispiel ist der Anteil sehr klein:

$$\frac{0.443}{2.138} = 0.207.$$

Die Varianz der Löhne ist also nur zum geringeren Anteil (rund 21 %) auf die Unterschiede zwischen den Durchschnittslöhnen der Berufe zurückzuführen und beruht in stärkerem Maße auf der Varianz der Löhne in den Berufen. R-7-5

7.4 Aufgaben

1. Gehen Sie von der in Abschnitt 7.2 definierten Variablen (X, Y) aus. Ihnen ist bekannt, dass 43.6 % der Personen Frauen sind. Zudem wissen Sie, dass der Anteil der Führungskräfte unter den Frauen 2.5 % und der Anteil der Führungskräfte unter den Männern 11.9 % beträgt. Wie hoch ist der Anteil der Frauen unter allen Führungskräften? (Verwenden Sie den Satz von Bayes.)

2. Leiten Sie ausgehend von der Definition der Varianz

$$\sigma_X^2 = \sum_{j=1}^{J} (\tilde{x}_j - \bar{x})^2 \, \mathrm{P}(X = \tilde{x}_j)$$

den Ausdruck

$$\sigma_X^2 = \sum_{k=1}^{K} \sigma_{X|\tilde{y}_k}^2 \, \mathrm{P}(Y = \tilde{y}_k) + \sum_{k=1}^{K} (\bar{x}_k - \bar{x})^2 \, \mathrm{P}(Y = \tilde{y}_k)$$

her.

3. Ihnen liegen die Einkommen von fünf Personen vor (in Tsd. €): $x_1 = 20$, $x_2 = 26$, $x_3 = 45$, $x_4 = 52$, $x_5 = 107$. Fassen Sie die zwei kleinsten und die drei größten Werte zu jeweils einer Klasse zusammen und berechnen Sie für diese Situation mit einer Streuungszerlegung die interne und die externe Varianz.

4. Folgende Tabelle enthält Angaben über Löhne in drei Bildungsklassen.[1] Führen Sie davon ausgehend eine Streuungszerlegung durch. Wie hoch ist der Anteil der Lohnvarianz, der durch die unterschiedlichen Bildungsniveaus erklärt werden kann?

[1] Die drei Bildungsklassen werden ausgehend von den Bildungsjahren ermittelt: Kein Abitur für weniger als 12 Bildungsjahre, Abitur (oder abgeschl. Lehre) zwischen 12 und 14.5 Bildungsjahre und Studium ab 15 Bildungsjahren.

Bildungsniveau	$P(Y = \tilde{y}_k)$	$\bar{x}_k$	$\sigma^2_{X\mid\tilde{y}_k}$	$(\bar{x}_k - \bar{x})^2$
1 Kein Abitur	0.422	1.801	0.824	0.234
2 Abitur	0.229	2.184	2.143	0.010
3 Studium	0.349	2.936	3.011	0.424

7.5 R-Code

R-7-1

```
## Daten generieren
# Daten werden zufällig gezogen, mittels set.seed() wird das Ergebnis
# reproduzierbar
set.seed(3)
n <- 12
X <- sample(x = 0:1, size = n, replace = TRUE)
X
Y <- sample(x = 1:3, size = n, replace = TRUE)
Y
```

R-7-2

```
# Kontingenztabelle (absolut)
tab.abs <- table(X, Y)
tab.abs
# Kontingenztabelle (relativ)
tab.rel <- tab.abs / n
tab.rel

# Randverteilung
addmargins(A = tab.rel)
```

R-7-3

```
## Daten einlesen (nur West)
d <- read.csv2(file = "allbus2018.csv", stringsAsFactors = FALSE)
d <- d[d$ostwest==0,]
# Anzahl an Beobachtungen
n <- nrow(d)
# Variablen
geschlecht <- d$geschlecht
s <- d$beruf
# umkodieren: Beruf ==1 1, Beruf !=1 = 0
s1 <- as.numeric(s == 1)

# Kontingenztabelle (relativ)
tab.rel <- table(geschlecht, s1) / n
tab.rel
# Randverteilung
round(addmargins(A = tab.rel),3)
```

R-7-4

```
# Vektor mit Einkommen erstellen (in Tsd.)
e <- d$einkommen / 1000

# relative Anteile der Berufe
njn <- table(s) / n; njn
```

```
# mittleres Lohnniveau über alle Berufe
x.quer <- mean(e)
x.quer

# mittleres Lohnniveau der Berufe
xj.quer <- tapply(X = e, INDEX = s, FUN = mean)
xj.quer

# Varianz der Löhne in den Berufen
# Funktion für empirische Varianz erstellen
VarEmp <- function(x) {
  n <- length(x)
  var.emp <- (n-1)/n * var(x)
  return(var.emp)
}
# jetzt wird die Funktion in tapply() genutzt
sigma2j <- tapply(X = e, INDEX = s, FUN = VarEmp)
sigma2j

# quadrierte Differenz des Lohnniveaus ...
diff2 <- (xj.quer - x.quer)^2
diff2
```

R-7-5

```
# Lohnstreuung in den Klassen
lsik <- sum(njn * sigma2j)
lsik

# Varianz der Löhne zwischen den Klassen
vlzk <- sum(njn * diff2)
vlzk

# Varianzkomponenten addieren sich zur Gesamtvarianz
var.ges <- lsik + vlzk
var.ges

# Verhältnis der Varianz zwischen den Klassen zur Gesamtvarianz
vlzk / var.ges
```

8

Korrelation: Metrische Variablen

Um das Ausmaß des Zusammenhangs verschiedener metrischer Merkmale zu untersuchen, sind Daten für die einzelnen Einheiten von diesen Merkmalen Voraussetzung. Wichtige Maßzahlen des Zusammenhangs sind die Kovarianz und die Korrelation. Beide Maßzahlen werden in diesem Kapitel besprochen.

8.1 Einleitung

Viele Fragestellungen der Statistik beziehen sich auf Zusammenhänge zwischen Variablen. Zum Beispiel werden Zusammenhänge zwischen dem verfügbaren Einkommen und den Konsumausgaben untersucht, oder Zusammenhänge zwischen der Zahl der Bildungsjahre und dem erzielten Einkommen. Notwendig ist hierfür, dass für die einzelnen untersuchten Einheiten die Informationen jeweils für beide Merkmale bekannt sind. Grundlegende Methoden der Zusammenhangsanalyse sind die Korrelationsrechnung und die Regressionsrechnung. In diesem Kapitel betrachten wir die Korrelationsrechnung für metrische Variablen.

8.2 Eine zweidimensionale Variable

Wir gehen von einer zweidimensionalen statistischen Variablen (X, Y) aus, durch die jeder Einheit zwei Merkmalswerte zugeordnet werden. Der Einheit i werden die Merkmalswerte x_i und y_i zugeordnet ($i = 1, \ldots, n$). Als ein einfaches Zahlenbeispiel betrachten wir eine Gesamtheit von $n = 5$ Einheiten, für die die Merkmalswerte

$$(x_1, y_1) = (1, 2), (x_2, y_2) = (2, 3), (x_3, y_3) = (3, 9),$$
$$(x_4, y_4) = (4, 6), (x_5, y_5) = (5, 10)$$

vorliegen (Siehe Abbildung 8.1).

Die separaten Verteilungen von X bzw. Y werden als Randverteilungen der Variablen (X, Y) bezeichnet. Sie können z. B. durch Mittelwerte und Varianzen charakterisiert werden. Für das Zahlenbeispiel finden wir $\bar{x} = 3$, $\bar{y} = 6$, $\sigma_X^2 = 2$, $\sigma_Y^2 = 10$. Diese Mittelwerte und Varianzen liefern aber offenbar keine Information über die *gemeinsame Verteilung* von X und Y; dafür müssen andere Charakterisierungen verwendet werden. R-8-1

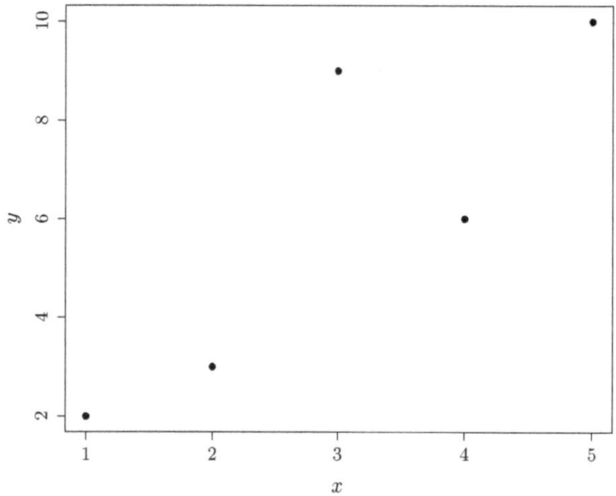

Abbildung 8.1: Streudiagramm für das Zahlenbeispiel.

8.3 Die Kovarianz

Ein *Maß des Zusammenhangs* von X und Y ist die Kovarianz

$$\sigma_{XY} = \frac{1}{n} \sum_{i=1}^{n} (x_i - \bar{x})(y_i - \bar{y}).$$

Sie ist definiert als Mittelwert der Produkte der Abweichungen der Werte der Variablen X und Y von ihren Mittelwerten. Die Kovarianz ist positiv, falls tendenziell überdurchschnittliche X-Werte mit überdurchschnittlichen Y-Werten und unterdurchschnittliche X-Werte mit unterdurchschnittlichen Y-Werten einhergehen. In diesem Fall resultieren tendenziell mehrheitlich positive Summanden. Sie ist hingegen negativ, wenn tendenziell überdurchschnittliche X-Werte mit unterdurchschnittlichen Y-Werten und unterdurchschnittliche X-Werte mit überdurchschnittlichen Y-Werten einhergehen. In diesem Fall resultieren überwiegend negative Summanden. Ist keine von beiden Tendenzen vorhanden, liegt kein deutliches *Kovariieren* vor und die Kovarianz ist (etwa) gleich Null.

Die folgende Umformung erleichtert oft die Berechnung der Kovarianz:

$$\sigma_{XY} = \frac{1}{n}\sum_{i=1}^{n}(x_i - \bar{x})(y_i - \bar{y}) = \frac{1}{n}\sum_{i=1}^{n} x_i y_i - \bar{x}\bar{y}$$

In dieser Darstellung wird ersichtlich, dass die Kovarianz auch als Mittelwert der Produkte der X- und Y-Werte abzüglich des Produkts der Mittelwerte berechnet werden kann.

8.3.1 Ein Zahlenbeispiel

Für das in der Graphik 8.1 angegebene Zahlenbeispiel finden wir

$$\sigma_{XY} = \frac{1}{n}\sum_{i=1}^{n}(x_i - \bar{x})(y_i - \bar{y}) = \frac{1}{5}(8 + 3 + 0 + 0 + 8) = 3.8.$$

Verwenden wir die aus der Umformung hervorgegangene Darstellung der Kovarianz, erhalten wir das Ergebnis auf folgende Weise:

$$\begin{aligned}\sigma_{XY} &= \frac{1}{n}\sum_{i=1}^{n} x_i y_i - \bar{x}\bar{y}\\ &= \frac{1}{5}(1 \cdot 2 + 2 \cdot 3 + 3 \cdot 9 + 4 \cdot 6 + 5 \cdot 10) - 3 \cdot 6 = 3.8.\end{aligned}$$

Betrachten wir nochmals die Darstellung in der Form des Mittelwertes der Produkte der Mittelwertabweichungen. Zur Veranschaulichung zeichnen wir ein Streudiagramm (siehe Abbildung 8.2) der Mittelwertabweichungen $x_i - \bar{x}$ und $y_i - \bar{y}$, die jeweils einen Mittelwert von 0 haben. Wir sehen, dass drei Summanden, d.h. drei Produkte von Mittelwertabweichungen, positiv sind und zwei den Wert 0 haben. R-8-2

8.3.2 Eigenschaften der Kovarianz

Bei Betrachtung der Definition der Kovarianz ist unmittelbar ersichtlich, dass $\sigma_{XY} = \sigma_{YX}$. Die Kovarianz einer Variablen mit sich selbst ist gerade die Varianz, da

$$\sigma_{XX} = \frac{1}{n}\sum_{i=1}^{n}(x_i - \bar{x})(x_i - \bar{x}) = \frac{1}{n}\sum_{i=1}^{n}(x_i - \bar{x})^2 = \sigma_X^2.$$

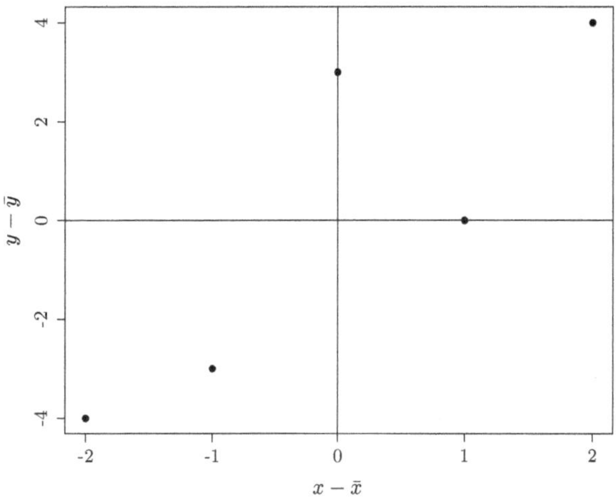

Abbildung 8.2: Streudiagramm der Mittelwertabweichungen.

Werden die Variablen X und Y additiv um eine Konstante verändert, verändert sich die Kovarianz nicht:

$$\begin{aligned}\sigma_{X+a,Y+b} &= \frac{1}{n}\sum_{i=1}^{n}\left((x_i+a)-(\bar{x}+a)\right)\left((y_i+b)-(\bar{y}+b)\right)\\ &= \frac{1}{n}\sum_{i=1}^{n}(x_i-\bar{x})(y_i-\bar{y}) = \sigma_{XY}.\end{aligned}$$

Wird die Variable X mit einer Konstanten a und Y mit einer Konstanten b multipliziert, verändert sich die Kovarianz um den Faktor ab:

$$\begin{aligned}\sigma_{aX,bY} &= \frac{1}{n}\sum_{i=1}^{n}(ax_i-a\bar{x})(by_i-b\bar{y})\\ &= ab\frac{1}{n}\sum_{i=1}^{n}(x_i-\bar{x})(y_i-\bar{y}) = ab\,\sigma_{XY}.\end{aligned}$$

Betrachten wir die Kovarianz von X und $Y + Z$, finden wir

$$\begin{aligned}\sigma_{X,Y+Z} &= \frac{1}{n}\sum_{i=1}^{n}(x_i - \bar{x})\left((y_i + z_i) - (\bar{y} + \bar{z})\right) \\ &= \frac{1}{n}\sum_{i=1}^{n}(x_i - \bar{x})\left((y_i - \bar{y}) + (z_i - \bar{z})\right) \\ &= \frac{1}{n}\sum_{i=1}^{n}(x_i - \bar{x})(y_i - \bar{y}) + \frac{1}{n}\sum_{i=1}^{n}(x_i - \bar{x})(z_i - \bar{z}) \\ &= \sigma_{XY} + \sigma_{XZ}.\end{aligned}$$

8.4 Der Korrelationskoeffizient von Pearson

Eine Interpretation der Kovarianz wird dadurch erschwert, dass ihre Werte nicht normiert sind und stark von der Streuung der Variablen abhängen. Um ein Maß für den Zusammenhang zu erhalten, wird deshalb ein normierter Korrelationskoeffizient verwendet, der folgendermaßen definiert ist:

$$\mathrm{r}_{XY} = \frac{\sigma_{XY}}{\sigma_X \sigma_Y} = \frac{\frac{1}{n}\sum_{i=1}^{n}(x_i - \bar{x})(y_i - \bar{y})}{\sqrt{\frac{1}{n}\sum_{i=1}^{n}(x_i - \bar{x})^2}\sqrt{\frac{1}{n}\sum_{i=1}^{n}(y_i - \bar{y})^2}}$$

Die Normierung wird dadurch erreicht, dass die Kovarianz durch die beiden Standardabweichungen dividiert wird. So wird erreicht, dass $-1 \leq \mathrm{r}_{XY} \leq 1$ gilt.

Für das Zahlenbeispiel hatten wir bereits die Kovarianz und die Varianzen berechnet, so dass wir den Korrelationskoeffizienten folgendermaßen berechnen können:

$$\mathrm{r}_{XY} = \frac{\sigma_{XY}}{\sigma_X \sigma_Y} = \frac{3.8}{\sqrt{2}\sqrt{10}} = 0.8497.$$

Offenbar weist der Wert auf einen starken positiven Zusammenhang von X und Y hin. R-8-3

Um einen Eindruck verschieden starker Korrelationen zu erhalten, sind in der Graphik 8.3 jeweils Streudiagramme für $n = 100$ Beobachtungen für die Korrelationen 0, -0.3, 0.7 und 0.9 dargestellt.

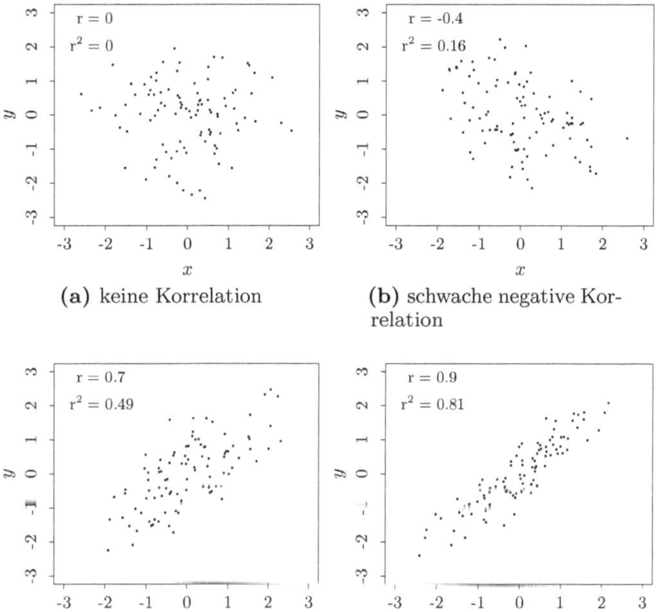

(a) keine Korrelation

(b) schwache negative Korrelation

(c) mittlere positive Korrelation

(d) starke positive Korrelation

Abbildung 8.3: Visuelle Darstellung von Korrelationen unterschiedlicher Stärke und Richtung.

8.4.1 Eigenschaften des Korrelationskoeffizienten

Werden die Variablen X und Y additiv um eine Konstante verändert, bleibt der Korrelationskoeffizient unverändert:

$$\mathrm{r}_{X+a,Y+b} = \frac{\sigma_{X+a,Y+b}}{\sigma_{X+a}\sigma_{Y+b}} = \frac{\sigma_{XY}}{\sigma_X \sigma_Y} = \mathrm{r}_{XY}.$$

Werden die Variablen X und Y mit Konstanten a bzw. b multipliziert, verändert sich der Betrag des Korrelationskoeffizienten nicht. Jedoch kann sein Vorzeichen wechseln, wenn sich a und b

im Vorzeichen unterscheiden. Wir erhalten dann

$$\mathrm{r}_{aX,bY} = \frac{ab}{|a||b|}\mathrm{r}_{XY}.$$

Zu beachten ist auch, dass der Korrelationskoeffizient nur die Stärke des *linearen* Zusammenhanges erfasst. Besteht zwischen X und Y kein irgendwie gearteter Zusammenhang, gilt $\sigma_{XY} = \mathrm{r}_{XY} = 0$. Aufgrund eines Korrelationskoeffizienten, der einen Wert nahe 0 aufweist, kann jedoch nur geschlossen werden, dass praktisch kein *linearer* Zusammenhang vorliegt. Auch wenn $\mathrm{r}_{XY} \approx 0$ ist, können andere Arten des Zusammenhanges vorliegen. Das können wir uns mit einem weiteren Zahlenbeispiel veranschaulichen:

$$(x_1, y_1) = (-2, 4), (x_2, y_2) = (-1, 1), (x_3, y_3) = (0, 0),$$
$$(x_4, y_4) = (1, 1), (x_5, y_5) = (2, 4).$$

Wir finden $\mathrm{r}_{XY} = 0$, obwohl $Y = X^2$.

Schließlich muss auch erwähnt werden, dass aufgrund einer Korrelation zwischen zwei Variablen nicht geschlossen werden kann, dass es einen kausalen Zusammenhang gibt. R-8-4

8.4.2 Die Kovarianz standardisierter Variablen

Die zu einer Variablen X korrespondierende standardisierte Variable ist definiert als

$$X^* = \frac{X - \bar{x}}{\sigma_X}.$$

Wegen der Nulleigenschaft des arithmetischen Mittels hat X^* den Mittelwert 0. Und wegen $\sigma^2_{X+\bar{x}} = \sigma^2_X$ finden wir für die Varianz von X^*:

$$\sigma^2_{X^*} = \frac{1}{\sigma^2_X}\,\sigma^2_{X-\bar{x}} = 1.$$

Schließlich findet man für die Kovarianz von X^* und Y^*:

$$\sigma_{X^*Y^*} = \frac{\sigma_{XY}}{\sigma_X\sigma_Y} = \mathrm{r}_{X,Y},$$

d.h. die Kovarianz standardisierter Variablen X^* und Y^* hat den gleichen Wert wie die Korrelation der nicht standardisierten Variablen X und Y.

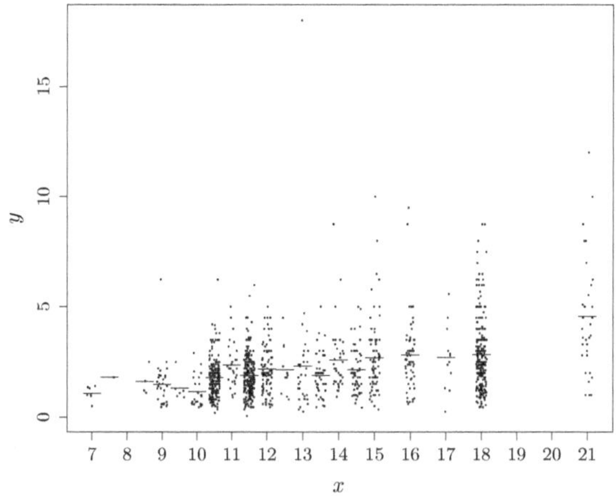

Abbildung 8.4: Ausbildungsjahre (x) und Netto-Monatseinkommen in Tsd. Euro (y). Durchgezogene Linien: Durchschnittslohn der Personen mit x-Ausbildungsjahren.

8.4.3 Ausbildungsjahre und Einkommen

Abschließend betrachten wir die Anzahl der Ausbildungsjahre (X) und das Netto-Monatseinkommen (Y) in 1000 Euro von $n = 1238$ Personen im ALLBUS-File (Westdeutschland). Da sehr viele Personen eine gleiche Anzahl an Bildungsjahren aufweisen, z. B. haben 230 Personen 11.5 Ausbildungsjahre, wurde für die graphische Darstellung die Zahl der Ausbildungsjahre zufällig leicht variiert. In der Abbildung 8.4 ist deutlich zu erkennen, dass die meisten Personen, tatsächlich genau 89.8 %, weniger als 4000 Euro im Monat verdienen. Die wenigen sehr hohen Einkommen finden sich für Personen mit einer relativ hohen Zahl an Ausbildungsjahren.

Der lineare Korrelationskoeffizient weist mit einem Wert von 0.372 jedoch auf einen nur recht schwachen positiven Zusammenhang hin.

Zusätzlich sind in Graphik 8.4 mit dünnen waagrechten Linien die Durchschnittslöhne der Personen mit 6, 7 usw. Ausbildungsjahren eingetragen. Zwar steigt der Durchschnittslohn tendenziell mit zunehmender Anzahl Ausbildungsjahren an, jedoch ist der Zusammenhang nicht monoton. R-8-5

8.5 Aufgaben

1. Sie befragen fünf Personen nach ihrem monatlichen verfügbaren Nettoeinkommen (X) und ihren monatlichen Mietausgaben (Y) und erhalten folgende Werte (jeweils in 1000 €):

$$(x_1, y_1) = (1, 0.3), (x_2, y_2) = (2, 0.45), (x_3, y_3) = (3, 0.9),$$
$$(x_4, y_4) = (4, 1.2), (x_5, y_5) = (5, 0.95).$$

a) Stellen Sie die Wertepaare als Streudiagramm graphisch dar.

b) Urteilen Sie aufgrund Ihrer Zeichnung: Besteht ein positiver oder negativer Zusammenhang zwischen dem Einkommen und den Mietausgaben? Liegt ein starker oder schwacher Zusammenhang vor?

c) Berechnen Sie die Mittelwerte von X und Y.

d) Beziehen Sie sich jetzt auf die X- und Y-Werte als Differenzen zu Ihren Mittelwerten und fertigen Sie ein Streudiagramm für diese Mittelwertabweichungen an.

e) Erläutern Sie, welche Vorzeichen die Produkte der Mittelwertabweichungen von X und Y in den vier Quadranten Ihres Koordinatensystems haben.

f) Berechnen Sie für X und Y die Varianzen und Standardabweichungen.

g) Berechnen Sie für die n Wertepaare jeweils das Produkt aus den Mittelwertabweichungen, summieren Sie es über alle n Beobachtungen auf und teilen Sie diese Summe durch die Anzahl der Beobachtungen. Wie nennt man die von Ihnen berechnete Maßzahl?

h) Die von Ihnen berechnete Kovarianz erfasst den linearen Zusammenhang von X und Y, allerdings ist sie nicht normiert und damit schwierig zu interpretieren. Dividieren sie zur Normierung die Kovarianz durch das Produkt der beiden von Ihnen berechneten Standardabweichungen σ_Y und σ_X. Wie heißt die resultierende Maßzahl?

i) Beurteilen Sie Stärke des Zusammenhangs zwischen dem verfügbaren Einkommen und den Mietausgaben anhand des Korrelationskoeffizienten.

2. Zeigen Sie, dass gilt:

$$\sigma_{YX} = \frac{1}{n}\sum_{i=1}^{n}(y_i - \bar{y})(x_i - \bar{x}) = \frac{1}{n}\sum_{i=1}^{n} y_i x_i - \bar{y}\bar{x}$$

und

$$\sigma_X^2 = \frac{1}{n}\sum_{i=1}^{n}(x_i - \bar{x})^2 = \frac{1}{n}\sum_{i=1}^{n} x_i^2 - \bar{x}^2.$$

3. Betrachten Sie die folgenden Wertepaare für die Variable (X, Y):

$$(x_1, y_1) = (-2, 16), (x_2, y_2) = (-1, 1), (x_3, y_3) = (0, 0),$$
$$(x_4, y_4) = (1, 1), (x_5, y_5) = (2, 16).$$

a) Berechnen Sie den Korrelationskoeffizient r_{XY}.

b) Besteht zwischen X und Y ein Zusammenhang?

8.6 R-Code

R-8-1

```
# Daten generieren
x <- 1:5
y <- c(2,3,9,6,10)

# Streudiagramm
plot(x = x, y = y, pch = 19)

# Mittelwerte
mx <- mean(x)
mx
my <- mean(y)
my

# empirische Varianz
# Funktion für empirische Varianz erstellen
VarEmp <- function(x) {
  n <- length(x)
  var.emp <- (n-1)/n * var(x)

  return(var.emp)
}
vx <- VarEmp(x)
vx
vy <- VarEmp(y)
vy
```

R-8-2

```
# Anzahl an Beobachtungen
n <- length(x)

# Kovarianz
cov.xy <- 1/n * sum( (x-mx)*(y-my) )
cov.xy

# alternativ nach Umformung
mean(x*y) - mx*my

# Streudiagramm
plot(x = (x-mx), y = (y-my), pch = 19,
     xlab = expression(x-bar(x)), ylab = expression(y-bar(y)))
abline(h = 0)
abline(v = 0)
```

R-8-3

```
# Korrelationskoeffizient von Pearson
rxy <- cov.xy / ( sqrt(vx) * sqrt(vy))
rxy
```

```
# alternativ
cor(x, y)
```

R-8-4

```
# Weiteres Zahlenbeispiel
x2 <- c(-2,-1,0,1,2)
y2 <- x2^2

# Korrelation
cor(x2, y2)
```

R-8-5

```
## Daten einlesen
d <- read.csv2(file = "allbus2018.csv", stringsAsFactors = FALSE)
d <- d[d$ostwest==0,]
# Anzahl an Beobachtungen
n <- nrow(d)
# Vektor mit Löhnen erstellen (in Tsd.)
e <- as.numeric(d$einkommen) / 1000
# Ausbildungsjahre
b <- as.numeric(d$bildung)
min(b); max(b)

# Durchschnittslöhne nach Ausbildungsjahren
de.b <- tapply(X = e, INDEX = b, mean)

## Abbildung
# leicht modifizierte Ausbildungsjahre
set.seed(123)
b.mod <- b + runif(n = n, min = -0.15, max = 0.15)

# Streudiagramm
plot(x = b.mod, y = e, pch = 19, cex = 0.2,
     xlab = "x", ylab = "y", xaxt = "n")
axis(side = 1, at = 7:21, label = 7:21)

# Durchschnittslöhne darstellen
ub <- sort(x = unique(b), decreasing = FALSE)
for (i in 1:length(ub)) {
  segments(x0 = ub[i]-0.25, y0 = de.b[i],
           x1 = ub[i]+0.25, y1 = de.b[i])
}

# Anteil an Personen mit einem Einkommen < 4 Tsd.
mean(e < 4) * 100

# hohe Einkommen und Ausbildungsjahre
order.e <- order(e, decreasing = TRUE)
cbind(b[order.e], e[order.e])[1:15,]
```

```
# Korrelation zwischen Löhnen und Ausbildungsjahren
reb <- cor(e, b)
reb
# Quadrat des Korrelationskoeffizienten
reb^2

# Korrelation ohne die höchsten 9 Einkommen
e.ohne9 <- e[order.e][-(1:9)]
b.ohne9 <- b[order.e][-(1:9)]
cor(e.ohne9, b.ohne9)
```

9
Korrelation: Ordinale und nominale Variablen

In diesem Kapitel besprechen wir Maße des Zusammenhangs für ordinale und nominalskalierte Variablen. Zunächst erläutern wir Spearmans Rangkorrrelation, mit der ein Zusammenhang zwischen zwei ordinalen Variablen erfasst werden kann, dann besprechen wir die Maßzahl χ^2 und den darauf basierenden Kontingenzkoeffizienten für zwei nominale Variablen. Anschließend betrachten wir Zusammenhangsmaße für nominal skalierte Merkmale.

9.1 Spearmans Rangkorrelationskoeffizient

9.1.1 Ordinale Variablen und Ränge

Bei einer ordinalen Variablen können die Merkmalswerte in einer sinnvoll interpretierbaren Reihe angeordnet werden, die numerischen Abstände zwischen den Merkmalswerten haben jedoch keine bestimmte Bedeutung. Als Beispiel kann man an Schulnoten von 1 bis 5 denken. Die numerischen Differenzen zwischen 1 und 2 und zwischen 4 und 5 sind gleich groß, aber ihnen entspricht nicht unbedingt eine gleich große Leistungsdifferenz. Als ein weiteres Beispiel kann man daran denken, dass Personen gebeten werden, den Grad ihrer Zufriedenheit (inbezug auf irgendeinen Sachverhalt) auf einer Skala von 1 bis 10 anzugeben.

Um eine allgemeine Notation zu erreichen, beziehen wir uns auf eine Variable X. Merkmalswerte für n Einheiten werden wie bisher durch $x_1, \ldots, x_n$ bezeichnet. Es wird angenommen, dass die numerische Kodierung so erfolgt, dass die unterstellte Ordnung der Merkmalswerte der numerischen Ordnung der x_i-Werte entspricht.

Zur Definition von Rangkorrelationskoeffizienten werden Ränge verwendet. Der Rang eines Werts x_i ist die Ordnungsnummer, die die Position von x_i in der Reihe aller der Größe nach geordneten x_i-Werte angibt. Dabei sind zwei Fälle zu unterscheiden. Der erste Fall liegt vor, wenn alle x_i-Werte unterschiedlich sind. Dann hat jeder x_i-Wert genau einen Rang. Gibt es z. B. vier Werte $x_1 = 6$, $x_2 = 1$, $x_3 = 9$ und $x_4 = 4$, gibt es die Reihe

$$x_2 < x_4 < x_1 < x_3$$

so dass x_2 den ersten Rang hat, x_4 den zweiten Rang, usw. Allgemein verwenden wir für den Rang von x_i die Notation $\mathrm{r}_x(i)$; also $\mathrm{r}_x(1) = 3$, $\mathrm{r}_x(2) = 1$, $\mathrm{r}_x(3) = 4$, $\mathrm{r}_x(4) = 2$.

Der zweite Fall liegt vor, wenn zwei oder mehr x_i-Werte gleich sind. Man spricht dann von Bindungen. Dann werden bei gleichen x_i-Werten als Ränge Durchschnittswerte ihrer Ordnungszahlen verwendet. Wenn also im obigen Beispiel $x_1 = 4$ wäre, gäbe es die Reihe

$$x_2 < x_4 = x_1 < x_3$$

und die Ränge wären $\mathrm{r}_x(2) = 1$, $\mathrm{r}_x(1) = \mathrm{r}_x(4) = 2.5$ und $\mathrm{r}_x(3) = 4$.

9.1.2 Ein Rangkorrelationskoeffizient

Sei nun (X, Y) eine zweidimensionale Variable, bei der X und Y ordinale Variablen sind. Dann kann man sowohl für X als auch für Y Ränge bilden: $\mathrm{r}_x(i)$ und $\mathrm{r}_y(i)$. Ihre Mittelwerte werden durch $\bar{\mathrm{r}}_x$ bzw. $\bar{\mathrm{r}}_y$ bezeichnet. Pearsons Korrelationskoeffizient angewendet auf diese Ränge liefert Spearmans Rangkorrelationskoeffizient

$$\rho_{XY} = \frac{\frac{1}{n}\sum_{i=1}^{n}\left(\mathrm{r}_x(i) - \bar{\mathrm{r}}_x\right)\left(\mathrm{r}_y(i) - \bar{\mathrm{r}}_y\right)}{\sqrt{\frac{1}{n}\sum_{i=1}^{n}\left(\mathrm{r}_x(i) - \bar{\mathrm{r}}_x\right)^2}\sqrt{\frac{1}{n}\sum_{i=1}^{n}\left(\mathrm{r}_y(i) - \bar{\mathrm{r}}_y\right)^2}}.$$

Zur Illustration betrachten wir ein Zahlenbeispiel mit $n = 4$ Werten: R-9-1

X	r_x	Y	r_y
$x_1 = 6$	$\mathrm{r}_x(1) = 3$	$y_1 = 2$	$\mathrm{r}_y(1) = 2$
$x_2 = 1$	$\mathrm{r}_x(2) = 1$	$y_2 = 1$	$\mathrm{r}_y(2) = 1$
$x_3 = 9$	$\mathrm{r}_x(3) = 4$	$y_3 = 4$	$\mathrm{r}_y(3) = 3$
$x_4 = 4$	$\mathrm{r}_x(4) = 2$	$y_4 = 6$	$\mathrm{r}_y(4) = 4$

Mit diesen Zahlen finden wir den Wert $\rho_{XY} = 0.4$. R-9-2

9.1.3 Eigenschaften

Der Rangkorrelationskoeffizient ist *dimensionslos*, da sich die Dimensionen (z. B. Euro) herauskürzen, und *symmetrisch* bezüglich X und Y. Zudem ist er *invariant* bezüglich streng monoton wachsender Transformationen. D.h., werden die Werte von X und/oder Y so transformiert, dass deren Ränge unverändert bleiben, ändert sich der Wert des Rangkorrelationskoeffizienten nicht. Der Rangkorrelationskoeffizient ist *normiert* auf

$$-1 \leq \rho_{XY} \leq 1.$$

Dies erleichtert die Interpretation des numerischen Ergebnisses. Bei einem vollständig gleichgerichteten monotonen Zusammenhang gilt $\rho_{XY} = 1$. Bei einem vollständig gegenläufigen monotonen Zusammenhang gilt $\rho_{XY} = -1$. Bei Werten von 0 oder nahe 0 gibt es keinen bzw. nur einen sehr schwachen Zusammenhang.

9.1.4 Eine vereinfachte Rechenmethode

Wenn keine Bindungen vorliegen, kann der Korrelationskoeffizient mit einer einfacheren Formel berechnet werden

$$\rho_{XY} = 1 - \frac{6\sum_{i=1}^{n}\left(\mathrm{r}_x(i) - \mathrm{r}_y(i)\right)^2}{n\,(n^2-1)}.$$

Für das obige Zahlenbeispiel finden wir mit dieser Formel

$$\rho_{XY} = 1 - \frac{6 \cdot 6}{4\,(4^2-1)} = 1 - \frac{36}{60} = 0.4.$$

Zu beachten ist, dass die vereinfachte Formel des Rangkorrelationskoeffizienten nicht verwendet werden darf, wenn Bindungen vorliegen.

Als ein Beispiel, bei dem viele Bindungen vorliegen, betrachten wir den Zusammenhang zwischen monatlichen Arbeitsstunden und monatlichen Netto-Einkommen der $n = 1{,}238$ Personen in unserem ALLBUS-Datensatz (Westdeutschland). Wir wollen der Frage nachgehen, ob Personen, die mehr arbeiten, tendenziell ein höheres Einkommen erzielen. Anstelle der metrischen Angaben über Arbeitsstunden und Einkommen betrachten wir deren Ränge.[1] Für die Ränge finden wir eine Korrelation von $\rho_{XY} = 0.47$. Es besteht also ein positiver, aber nicht sehr enger Zusammenhang zwischen den Rängen von Arbeitsstunden und Einkommenshöhe.[2] R-9-3

9.2 Zusammenhangsmaße für nominale Variablen

In diesem Abschnitt besprechen wir ein Zusammenhangsmaß für eine zweidimensionale Variable (X, Y), bei der X und Y jeweils nominal skalierte Merkmale repräsentieren, d.h. die Merkmalswerte sind qualitativ unterschiedlich, und es gibt keine sinnvolle lineare Anordnung. Als Beispiel verwenden wir unseren ALLBUS Datensatz (Westdeutschland). X erfasst das Geschlecht (0 = männlich, 1

[1] Für die monatlichen Arbeitsstunden finden sich 68 und für das Einkommen 191 unterschiedliche Angaben. Es liegen somit viele Bindungen vor und die vereinfachte Rechenvorschrift für den Rangkorrelationskoeffizienten kann nicht verwendet werden.

[2] Zwischen den metrischen Merkmalen Arbeitsstunden und Einkommenshöhe ist die Korrelation mit $\mathrm{r}_{XY} = 0.385$ aufgrund weniger sehr hoher Einkommen noch deutlich geringer.

= weiblich), und Y erfasst den Beruf, den eine Person ausübt (1 = Führungskraft, 0 = andernfalls). Wir finden folgende Verteilung:

	$Y = 0$	$Y = 1$	Insg.
$X = 0$	0.497	0.067	0.564
$X = 1$	0.425	0.011	0.436
Insg.	0.922	0.078	1.000

Ausgehend von dieser gemeinsamen Verteilung wollen wir nun der Frage nachgehen, ob zwischen den Werten von X und Y ein Zusammenhang besteht und wie die Stärke dieses Zusammenhangs quantifiziert werden kann. Man könnte vermuten, dass Frauen weniger häufig Führungspositionen innehaben als Männer. Die bedingten Häufigkeiten $\mathrm{P}(Y = 1|X = 1) = 0.025$ und $\mathrm{P}(Y = 1|X = 0) = 0.119$ weisen auf das Vorliegen eines Zusammenhangs hin. R 9-4

9.2.1 Empirische und hypothetische Häufigkeiten

Wir betrachten die Maßzahl χ^2, die den Zusammenhang zwischen zwei nominalen Merkmalen erfasst. Um eine allgemeine Notation zu erreichen, nehmen wir an, dass X die Werte $\tilde{x}_1, \ldots, \tilde{x}_J$ und Y die Werte $\tilde{y}_1, \ldots, \tilde{y}_K$ annehmen kann. Wir verwenden folgende Abkürzungen: $f_{jk} = \mathrm{P}(X = \tilde{x}_j, Y = \tilde{y}_k)$ ist die Häufigkeit, mit der $X = \tilde{x}_j$ *und* $Y = \tilde{y}_k$ auftritt; die Häufigkeiten in den Randverteilungen werden durch

$$f_{j\cdot} = \mathrm{P}(X = \tilde{x}_j) = \sum_{k=1}^{K} f_{jk}$$

und

$$f_{\cdot k} = \mathrm{P}(Y = \tilde{y}_k) = \sum_{j=1}^{J} f_{jk}$$

bezeichnet.

Die Maßzahl χ^2 beruht auf einem Vergleich der empirischen gemeinsamen Verteilung mit einer hypothetischen gemeinsamen Verteilung, die sich bei gegebenen Randhäufigkeiten und Unabhängigkeit ergeben würde.

Diese hypothetischen Häufigkeiten werden durch $f^*_{jk} = f_{j\cdot}f_{\cdot k}$ definiert. Im allgemeinen Fall resultiert folgende gemeinsame hypothetische Verteilung bei Unabhängigkeit:

$X \backslash Y$	$\tilde{y}_1$	$\tilde{y}_2$	$\ldots$	$\tilde{y}_K$
$\tilde{x}_1$	$f_{1\cdot}f_{\cdot 1}$	$f_{1\cdot}f_{\cdot 2}$	$\ldots$	$f_{1\cdot}f_{\cdot K}$
$\tilde{x}_2$	$f_{2\cdot}f_{\cdot 1}$	$f_{2\cdot}f_{\cdot 2}$	$\ldots$	$f_{2\cdot}f_{\cdot K}$
$\vdots$	$\vdots$	$\vdots$		$\vdots$
$\tilde{x}_J$	$f_{J\cdot}f_{\cdot 1}$	$f_{J\cdot}f_{\cdot 2}$	$\ldots$	$f_{J\cdot}f_{\cdot K}$.

Hiervon ausgehend wird χ^2 folgendemaßen definiert

$$\chi^2 = n \sum_{j=1}^{J} \sum_{k=1}^{K} \frac{\left(f_{jk} - f^*_{jk}\right)^2}{f^*_{jk}}.$$

Für unser empirisches Beispiel finden wir ausgehend von den oben angegebenen empirischen Randhäufigkeiten folgende hypothetische gemeinsame Verteilung: R-9-5

	$Y = 0$	$Y = 1$	Insg.
$X = 0$	0.520	0.044	0.564
$X = 1$	0.402	0.034	0.436
Insg.	0.922	0.078	1.000

Als numerischer Wert ergibt sich

$$\begin{aligned}\chi^2 = 1238\Bigg(&\frac{(0.497-0.52)^2}{0.52} + \frac{(0.067-0.044)^2}{0.044} \\ &+ \frac{(0.425-0.402)^2}{0.402} + \frac{(0.011-0.034)^2}{0.034}\Bigg) \\ = 37.034.&\end{aligned}$$

Da die Maßzahl χ^2 nicht normiert ist, lässt sich dieser Wert allerdings kaum interpretieren. R-9-6

9.2.2 Kontingenzkoeffizient

Deshalb wird oft der Kontingenzkoeffizient

$$C = \sqrt{\frac{\chi^2}{\chi^2 + n} \cdot \frac{\min\{J, K\}}{\min\{J, K\} - 1}}$$

verwendet, der aus einer Normierung von χ^2 resultiert. Für den Kontingenzkoeffizient gilt $0 \leq C \leq 1$. $C = 0$ ist genau dann der Fall, wenn die empirischen Häufigkeiten f_{jk} und die hypothetischen Häufigkeiten f^*_{jk} gleich sind. Dies ist aber praktisch nie der Fall, und wenn n eine Primzahl ist, kann dieser Fall auch theoretisch nicht auftreten. Sehr kleine Werte von C deuten auf einen sehr schwachen Zusammenhang von X und Y hin. Der Fall $C = 1$ tritt dann auf, wenn X und Y vollständig zusammenhängen.

Für unser Beispiel finden wir

$$\begin{aligned} C &= \sqrt{\frac{\chi^2}{\chi^2 + n} \cdot \frac{\min\{J, K\}}{\min\{J, K\} - 1}} \\ &= \sqrt{\frac{37.034}{37.034 + 1238} \cdot \frac{\min\{2, 2\}}{\min\{2, 2\} - 1}} \\ &= \sqrt{0.029 \cdot 2} = 0.241. \end{aligned}$$

Es besteht demnach ein mittelstarker Zusammenhang zwischen Geschlecht und Führungspositionen. R-9-7

Betrachten wir abschließend eine fiktive Situation, in der bei gegebenen Randhäufigkeiten alle Personen in Führungspositionen Männer sind. Dann würde folgende gemeinsame Verteilung resultieren:

	$Y = 0$	$Y = 1$	Insg.
$X = 0$	0.486	0.078	0.564
$X = 1$	0.436	0.000	0.436
Insg.	0.922	0.078	1.000

In diesem Fall würde der Kontingenzkoeffizient den Wert $C = 0.35$ annehmen. Die sehr ungleichen Anteile von Personen in Führungspositionen und in anderen Tätigkeiten führen dazu, dass auch bei dem vorliegenden maximal starken Zusammenhang, gegeben die empirischen Randhäufigkeiten, die Maßzahl C deutlich unter dem Wert 1 liegt. R-9-8

9.3 Aufgaben

1. Sie befragen fünf Personen nach ihrem Einkommen in zwei Jahren (1 und 2) und erhalten folgende Tabelle mit Rängen:

i	1.Jahr ($\mathrm{r}_x(i)$)	2. Jahr ($\mathrm{r}_y(i)$)
1	2	2
2	1	1
3	3	4
4	5	5
5	4	3

a) Berechnen Sie den linearen Korrelationskoeffizienten der Ränge vom 1. und 2. Jahr.

b) Ermitteln Sie den Korrelationskoeffizienten auch nach folgender Formel:

$$\rho_{XY} = 1 - \frac{6\sum_{i=1}^{n}\left(\mathrm{r}_x(i) - \mathrm{r}_y(i)\right)^2}{n\,(n^2-1)}$$

c) Wenn Ihnen sowohl die Einkommen selbst als auch die Ränge der Einkommen vorlägen, welchen Korrelationskoeffizienten würden Sie dann wählen? Begründen Sie ihre Wahl.

2. Die nachfolgende Tabelle enthält die Ränge der Variablen X und Y für vier Beobachtungen.

i	r_x	r_y
1	2	4
2	1	2
3	3.5	1
4	3.5	3

(a) Berechnen Sie die Rangkorrelation. (b) Können Sie hier auch die vereinfachte Formel des Rangkorrelationskoeffizienten anwenden?

3. Gehen Sie von folgender empirischer Vierfeldertafel für die Variablen X (Geschlecht, $0 =$ männlich, $1 =$ weiblich) und Y (Lohnklasse, unterdurchschnittlicher Stundenlohn: $Y = 0$, überdurchschnittlicher Stundenlohn $Y = 1$) aus.

	$Y = 0$	$Y = 1$	Insg.
$X = 0$	0.306	0.258	0.564
$X = 1$	0.311	0.125	0.436
Insg.	0.617	0.383	1.000

a) Wie viel Prozent der Frauen und wie viel Prozent der Männer haben einen überdurchschnittlichen Lohn?

b) Wie hoch ist der Anteil der Frauen an den Personen mit überdurchschnittlichem Lohn, wie hoch an den Personen mit unterdurchschnittlichem Lohn?

c) Ermitteln Sie die Tabelle bei hypothetischer Unabhängigkeit.

d) Berechnen Sie χ^2.

e) Da χ^2 nicht normiert ist, lässt sich ausgehend von dem χ^2-Wert nur schwer auf die Abhängigkeit schließen. Berechnen Sie den Kontingenzkoeffizienten als normiertes Maß der Abhängigkeit und beurteilen Sie die Stärke der Abhängigkeit.

f) Für welchen Fall ergäbe sich ein Kontingenzkoeffizient von 0 und was ließe sich dann über die beiden Tabellen der tatsächlichen und hypothetischen Besetzungszahlen sagen?

9.4 R-Code

R-9-1

```
# Daten generieren
x <- c(6,1,9,4)
y <- c(2,1,4,6)

# Ränge berechnen
rx <- rank(x)
rx
ry <- rank(y)
ry
```

R-9-2

```
# benötigte Variablen
mrx <- mean(rx)
mrx
srx2 <- sum(rx^2)
srx2
n <- length(rx)
# wegen Symmetrie: mrx = mry, srx2 = sry2

# Rangkorrelationskoeffizient
(1/n * sum(rx*ry) - mrx*mrx) /
  (sqrt(((1/n * srx2) - mrx^2)) * sqrt(((1/n * srx2) - mrx^2)))

# alternativ
cor(rx, ry)
```

R-9-3

```
## Daten einlesen
d <- read.csv2(file = "allbus2018.csv", stringsAsFactors = FALSE)
d <- d[d$ostwest==0,]
# Vektor der Einkommen erstellen
e <- as.numeric(d$einkommen)
# Arbeitsstunden im Monat
h <- as.numeric(d$stunden)

# Bindungen
length(unique(h))
length(unique(e))

# Rangkorrelationskoeffizient
cor(rank(e), rank(h))

# Korrelation
cor(e, h)
```

R-9-4

```
# Variablen erstellen
X <- d$geschl
Y <- as.numeric(d$beruf) == 1

# Anzahl an Beobachtungen
n <- nrow(d)

# Kontingenztabelle
tab.rel <- table(X,Y) / n
# Randverteilung
tab <- addmargins(A = tab.rel)
tab

## bedingte Häufigkeiten
# (Y=1|X=1) =
tab[2,2] / tab[2,3]
# (Y=1|X=0) =
tab[1,2] / tab[1,3]
```

R-9-5

```
# hypothetische gemeinsame Verteilung
tab.hyp <- tab[1:2,3] %*% t(tab[3,1:2])
addmargins(A = tab.hyp)
```

R-9-6

```
# Variablen erstellen
f.emp <- as.vector(tab[1:2, 1:2])
f.emp
f.hyp <- as.vector(tab.hyp[1:2, 1:2])
f.hyp
n <- nrow(d)

# Damit finden wir (Beachte: Rundungsdifferenzen)
c2 <- n * sum((f.emp-f.hyp)^2 / f.hyp)
c2
```

R-9-7

```
## Anzahl möglicher Ausprägungen
n.x <- length(unique(X))
n.x  # Geschlecht: m/w
n.y <- length(unique(Y))
n.y  # Beruf 1: TRUE/FASE

# Kontingenzkoeffizient
sqrt( (c2 / (c2 + n)) *
        (min(n.x, n.y) / (min(n.x, n.y) - 1)) )
```

R-9-8

```
# Ausgangspunkt: Empirisches Beispiel
tab.fiktiv <- tab
# fiktives Beispiel erzeugen
tab.fiktiv[1:2,1:2] <- matrix(
  data = c(0.564-0.078,0.922-0.486,0.078,0),ncol = 2)
tab.fiktiv

f.fiktiv <- as.vector(tab.fiktiv[1:2, 1:2])

# C2
c2.neu <- n * sum((f.fiktiv-f.hyp)^2 / f.hyp)

# Kontingenzkoeffizient
sqrt( (c2.neu / (c2.neu + n)) *
        (min(n.x, n.y) / (min(n.x, n.y) - 1)) )
```

10

Einfache Regressionsrechnung

In diesem Kapitel besprechen wir die Regressionsrechnung, wobei wir uns auf eine lineare Regression mit nur einer erklärenden und einer abhängigen Variablen beschränken. Zur Berechnung verwenden wir die Methode der kleinsten Quadrate, die in der empirischen Wirtschaftsforschung sehr oft verwendet wird.

10.1 Einleitung

Fragen nach Zusammenhängen zwischen statistischen Variablen stehen in den Wirtschaftswissenschaften im Zentrum des Interesses. Ausgangspunkt sind die gemeinsame Verteilung von zwei (oder mehr) Variablen und die daraus resultierenden bedingten Verteilungen. Allerdings lässt sich die gemeinsame Verteilung von zwei metrischen Variablen, insbesondere bei vielen vorkommenden Merkmalsausprägungen, nur schwierig beschreiben. Die lineare Regression stellt eine sehr oft verwendete Methode dar, um zu beschreiben, wie die bedingte Verteilung einer Variablen von Werten anderer Variablen abhängt.

Ausgangspunkt sind die Werte (x_i, y_i) einer zweidimensionalen Variablen (X, Y) für n Einheiten $(i = 1, \ldots, n)$. Wir betrachten Y als abhängige Variable und X als eine Variable, von deren Werten die Verteilung von Y abhängt. Die Grundidee besteht darin, für jeden Wert y_i einen durch x_i berechenbaren Näherungswert $\hat{y}_i$ zu finden. Bei der linearen Regression geschieht dies mit Hilfe einer linearen Funktion

$$f(x) = \alpha + \beta\, x,$$

α und β sind Parameter, für die mit Hilfe der Daten bestimmte numerische Werte, die wir durch $\hat{\alpha}$ und $\hat{\beta}$ bezeichnen, gefunden werden müssen. Dann kann man Näherungswerte

$$\hat{y}_i = \hat{f}(x_i) = \hat{\alpha} + \hat{\beta}\, x_i$$

berechnen.

Zu überlegen ist, wie optimale Parameter definiert werden können, denn grundsätzlich kann man für α und β beliebige Zahlenwerte verwenden. Das wird in Abbildung 10.1 mit $n = 4$ Werten illustriert. Je nachdem, welche Werte man für α und β einsetzt, entsteht eine unterschiedliche lineare Funktion (Regressionsgerade).

Bezeichnen wir mit u_i die Abweichung der beobachteten Werte y_i von den linearen Funktionswerten $f(x_i)$, dann wird in Abbildung 10.1 ebenfalls deutlich, dass je nach Wahl der Parameter α und β unterschiedliche Werte $u_i = y_i - f(x_i)$ resultieren.

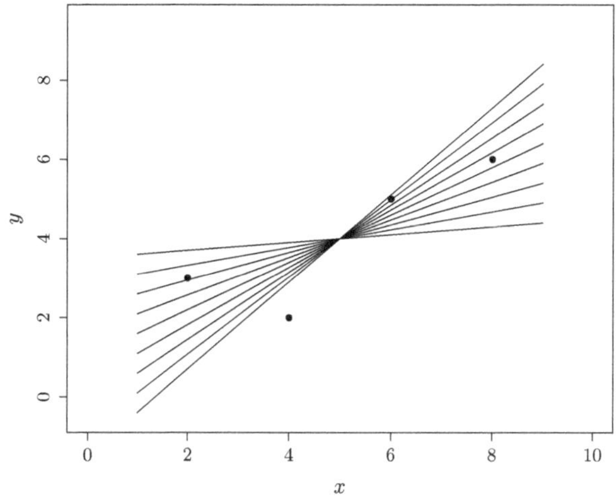

Abbildung 10.1: Auswahl an möglichen Ausgleichsgeraden.

10.2 Methode der kleinsten Quadrate

Zur Berechnung bestimmter Parameter $\hat{\alpha}$ und $\hat{\beta}$ wird sehr oft die Methode der kleinsten Quadrate verwendet, die wir in diesem Abschnitt besprechen.

10.2.1 Grundlagen

Das Ziel besteht darin, dass die durch $\hat{\alpha}$ und $\hat{\beta}$ bestimmte Regressionsgerade möglichst gut in das Streuungsdiagramm der (x_i, y_i)-Werte passt. Man bezieht sich dafür auf die Abweichungen

$$u_i = y_i - f(x_i) = y_i - (\alpha + \beta\, x_i).$$

Bei der Methode der kleinsten Quadrate, die auf Carl Friedrich Gauß (1777–1855) zurückgeht, wird gefordert, dass die *Summe der quadrierten Abweichungen*, also $\sum_{i=1}^{n} u_i^2$, möglichst klein sein soll. In Abbildung 10.2 wird dies durch die eingezeichneten Quadrate veranschaulicht.

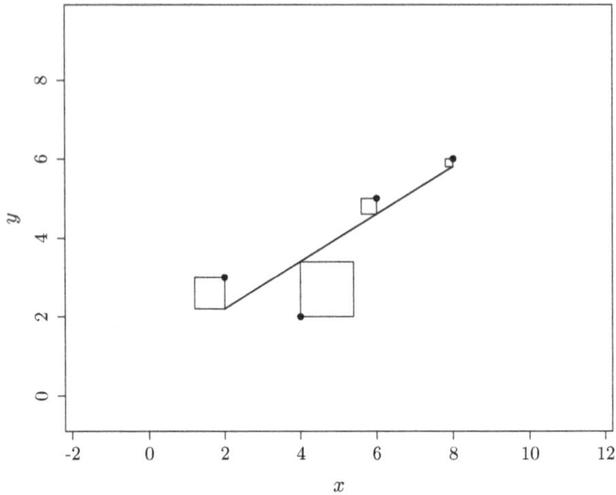

Abbildung 10.2: Intuition: Methode der kleinsten Quadrate.

10.2.2 Berechnung der Parameter

Wir betrachten die Funktion

$$Q(\alpha, \beta) = \sum_{i=1}^{n} (y_i - \alpha - \beta\, x_i)^2,$$

die zeigt, wie die Summe der quadrierten Abweichungen von den Parametern abhängt. Die optimalen Parameter sind diejenigen, die diese Funktion möglichst klein machen. Um das Minimum dieser Funktion zu finden, müssen zunächst die partiellen Ableitungen gebildet werden. Man findet:

$$\begin{aligned} \frac{\partial Q(\alpha, \beta)}{\partial \alpha} &= 2 \sum_{i=1}^{n} (y_i - \alpha - \beta x_i)(-1) \quad \text{und} \\ \frac{\partial Q(\alpha, \beta)}{\partial \beta} &= 2 \sum_{i=1}^{n} (y_i - \alpha - \beta x_i)(-x_i). \end{aligned}$$

Parameterwerte für das Minimum findet man aus den Nullstellen der Ableitungen.

Die Ableitung nach α liefert die 1. Normalgleichung

$$\sum_{i=1}^{n}(y_i - \hat{\alpha} - \hat{\beta}\, x_i) = 0$$

und die Ableitung nach β die 2. Normalgleichung

$$\sum_{i=1}^{n}(y_i - \hat{\alpha} - \hat{\beta}\, x_i)\, x_i = 0.$$

Aus der 1. Normalgleichung findet man zunächst

$$\sum_{i=1}^{n} y_i - n\,\hat{\alpha} - \hat{\beta} \sum_{i=1}^{n} x_i = 0$$

und indem man durch n teilt, erhält man

$$\bar{y} - \hat{\alpha} + \hat{\beta}\,\bar{x},$$

bzw.

$$\hat{\alpha} = \bar{y} - \hat{\beta}\,\bar{x}.$$

Die optimale Regressionsgerade geht also durch den Schwerpunkt des Streuungsdiagramms. Ersetzt man nun $\hat{\alpha}$ in der 2. Normalgleichung durch $\bar{y} - \hat{\beta}\,\bar{x}$, findet man:

$$\begin{aligned}
&\sum_{i=1}^{n}(x_i\, y_i - (\bar{y} - \hat{\beta}\bar{x})\, x_i - \hat{\beta}\, x_i^2) \\
=&\sum_{i=1}^{n} x_i\, y_i - (\bar{y} - \hat{\beta}\bar{x}) \sum_{i=1}^{n} x_i - \hat{\beta} \sum_{i=1}^{n} x_i^2 \\
=&\sum_{i=1}^{n} x_i\, y_i - n\,\bar{x}\,\bar{y} - \hat{\beta}(\sum_{i=1}^{n} x_i^2 - n\,\bar{x}^2) = 0
\end{aligned}$$

Daraus folgt dann

$$\hat{\beta} = \frac{\sum_{i=1}^{n} x_i\, y_i - n\,\bar{x}\,\bar{y}}{\sum_{i=1}^{n} x_i^2 - n\,\bar{x}^2}.$$

Um die Anwendung zu illustrieren, betrachten wir das Zahlenbeispiel aus Abbildung 10.1 mit den Werten $(x_1, y_1) = (2,3)$, $(x_2, y_2) = (4,2)$, $(x_3, y_3) = (6,5)$ und $(x_4, y_4) = (8,6)$. Wir finden

$$\sum_{i=1}^{n} y_i x_i = 92, \quad \sum_{i=1}^{n} x_i^2 = 120, \quad \bar{x} = 5, \quad \bar{y} = 4$$

und damit

$$\hat{\beta} = \frac{92 - 4 \cdot 4 \cdot 5}{120 - 4 \cdot 5^2} = 0.6$$

und

$$\hat{\alpha} = \bar{y} - \hat{\beta}\,\bar{x} = 4 - 0.6 \cdot 5 = 1.$$

10.2.3 Achsentransformation

Die Variablen X und Y können um ihre Mittelwerte verschoben werden, indem man $X^* = X - \bar{x}$ und $Y^* = Y - \bar{y}$ verwendet. Dann kann man eine lineare Regression für den Zusammenhang zwischen X^* und Y^* berechnen. Die optimalen Parameter bezeichnen wir durch $\hat{\alpha}^*$ und $\hat{\beta}^*$. Wendet man die oben abgeleitete Formel an, findet man (da $\bar{x}^* = \bar{y}^* = 0$ ist)

$$\hat{\beta}^* = \frac{\sum_{i=1}^{n} x_i^*\, y_i^*}{\sum_{i=1}^{n} (x_i^*)^2}.$$

Ersetzt man x_i^* durch $x_i - \bar{x}$ und y_i^* durch $y_i - \bar{y}$, entsteht die Formel für $\hat{\beta}$, so dass

$$\hat{\beta}^* = \hat{\beta} = \frac{\sum_{i=1}^{n} (x_i - \bar{x})\,(y_i - \bar{y})}{\sum_{i=1}^{n} (x_i - \bar{x})^2}$$

gilt. Die Division von Zähler und Nenner durch n führt zu

$$\hat{\beta} = \frac{\sigma_{XY}}{\sigma_X^2}.$$

Offenbar gilt auch $\bar{y}^* = \hat{\alpha}^* + \hat{\beta}^*\,\bar{x}^*$; und daraus folgt unmittelbar, dass $\hat{\alpha}^* = 0$ ist. Abbildung 10.3 veranschaulicht diese Achsentransformation anhand des Beispiels aus dem vorangegangenen Abschnitt.

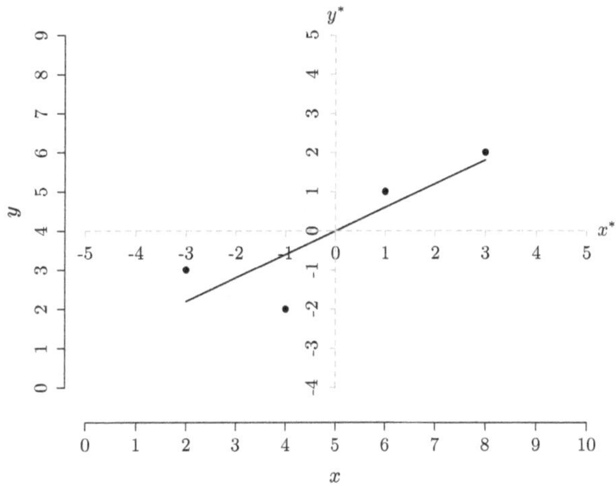

Abbildung 10.3: Achsentransformation.

10.2.4 Varianzzerlegung und Bestimmtheitsmaß

Die Varianz der abhängigen Variablen Y kann folgendermaßen geschrieben werden:

$$\begin{aligned}\sigma_Y^2 &= \frac{1}{n}\sum_{i=1}^{n}(y_i-\bar{y})^2 = \frac{1}{n}\sum_{i=1}^{n}(y_i-\hat{y}_i+\hat{y}_i-\bar{y})^2\\ &= \frac{1}{n}\sum_{i=1}^{n}\left((y_i-\hat{y}_i)^2+(\hat{y}_i-\bar{y})^2+2(y_i-\hat{y}_i)(\hat{y}_i-\bar{y})\right)\\ &= \frac{1}{n}\sum_{i=1}^{n}(y_i-\hat{y}_i)^2+\frac{1}{n}\sum_{i=1}^{n}(\hat{y}_i-\bar{y})^2+\frac{2}{n}\sum_{i=1}^{n}(y_i-\hat{y}_i)(\hat{y}_i-\bar{y}).\end{aligned}$$

Wie man durch Ausrechnen zeigen kann, ist der dritte Summand in der letzten Zeile gleich 0. Da der Mittelwert der $\hat{y}_i$-Werte gleich $\bar{y}$ ist, beschreibt der zweite Summand die Varianz von $\hat{Y}$, also $\sigma_{\hat{Y}}^2$. Schließlich liefert der erste Summand die Varianz der Residualvariablen U, die die Werte $\hat{u}_i = y_i - \hat{y}_i$ hat, deren Mittelwert gleich 0 ist. Zusammenfassend folgt also

$$\sigma_Y^2 = \sigma_{\hat{Y}}^2 + \sigma_U^2.$$

Ausgehend von dieser Varianzzerlegung wird das Bestimmtheitsmaß

$$R^2 = \frac{\sigma^2_{\hat{Y}}}{\sigma^2_Y} = 1 - \frac{\sigma^2_U}{\sigma^2_Y}$$

definiert. Es zeigt den Anteil der Varianz von $\hat{Y}$ an der Gesamtvarianz von Y. Da die Werte von $\hat{Y}$ durch die Werte von X bestimmt werden, kann man auch sagen: R^2 gibt den Anteil der Varianz von Y an, der durch eine lineare Beziehung zwischen X und Y bestimmt werden kann.

Es gilt: $0 \leq R^2 \leq 1$. Außerdem liefert R^2 die lineare Korrelation zwischen Y und $\hat{Y}$, also $R^2 = \mathrm{r}^2_{Y\hat{Y}}$; und bei der einfachen linearen Regression ist dies auch gerade die lineare Korrelation zwischen X und Y.

Für das Zahlenbeispiel aus den vorangegangenen Abschnitten findet man die Varianzzerlegung

$$\sigma^2_Y = 2.5 = \sigma^2_{\hat{Y}} + \sigma^2_U = 1.8 + 0.7$$

und daraus das Bestimmtheitsmaß

$$R^2 = \frac{\sigma^2_{\hat{Y}}}{\sigma^2_Y} = 0.72 = 1 - \frac{\sigma^2_U}{\sigma^2_Y} = 1 - 0.28.$$

Mit Hilfe der linearen Regression werden also in diesem Beispiel 72 % der Varianz von Y durch X bestimmt.

10.2.5 Ausbildungsjahre und Stundenlöhne

Abschließend betrachten wir eine Regression des *Stundenlohns* (Y) auf die *Zahl der Ausbildungsjahre* (X).[1] Die Daten stammen aus dem ALLBUS-File (Westdeutschland) für $n = 1238$ Personen. Abbildung 10.4 zeigt das Streudiagramm.[2]

Als Ergebnis einer linearen Regression finden wir die Parameter $\hat{\alpha} = 0.03$ und $\hat{\beta} = 1.01$, durch die die Regressionsgerade in der

[1] Wir bezeichnen als Stundenlohn das durch die monatlichen Arbeitsstunden dividierte Monats-Nettoeinkommen.

[2] Da sehr viele Personen identische Ausbildungsjahre haben, wurden die x_i-Werte zufällig etwas variiert, um die Streuung besser sichtbar zu machen. Die Regression wird jedoch mit den unveränderten x_i-Werten berechnet.

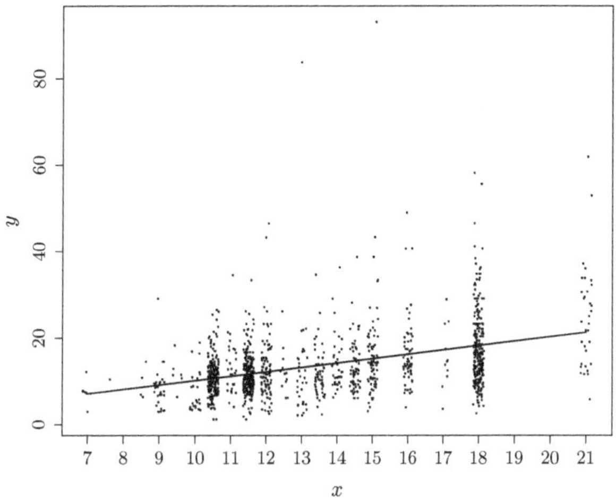

Abbildung 10.4: Ausbildungsjahre (x) und Einkommen (y).

Abbildung bestimmt wird. Würde man sich an dieser Regressionsgeraden orientieren, würde mit jedem zusätzlichen Ausbildungsjahr der Stundenlohn um 1.01 Euro steigen. Tatsächlich wäre das aber irreführend, denn die Regressionsgerade passt offenbar nur sehr schlecht zu den Daten. Dem entspricht der niedrige Wert des Bestimmtheitsmaßes: $R^2 = 0.16$. Bei den hier verwendeten Daten hängen die Stundenlöhne offenbar nur sehr geringfügig von den Ausbildungsjahren ab. R-10-1

10.3 Aufgaben

1. Sie befragen fünf Personen nach ihrem monatlichen verfügbaren Nettoeinkommen (X) und ihren monatlichen Mietausgaben (Y) und erhalten folgende Werte (jeweils in 1000 €):

$$(x_1, y_1) = (1, 0.3), (x_2, y_2) = (2, 0.45), (x_3, y_3) = (3, 0.9),$$
$$(x_4, y_4) = (4, 1.2), (x_5, y_5) = (5, 0.95)$$

a) Stellen Sie die Wertepaare als Streudiagramm graphisch dar.

b) Das Streudiagramm zeigt, dass sich der Zusammenhang zwischen dem verfügbaren Einkommen und den Mietausgaben recht gut durch ein Gerade darstellen läßt. Überlegen Sie, warum üblicherweise als Anpassungskriterium die Minimierung der Abstandsquadratensumme zwischen den Y-Werten und den Regressionswerten und nicht die Minimierung der Abstandssumme gewählt wird.

c) Ermitteln Sie aus den Ableitungen der Abstandsquadratensumme $Q(\alpha, \beta)$ die beiden Normalgleichungen.

d) Ersetzen Sie in der 2. Normalgleichung x_i durch $(x_i - \bar{x})$ und y_i durch $(y_i - \bar{y})$, dann lösen Sie die Gleichung für den Parameter β.

e) Welche Größen resultieren, wenn Sie in Ihrer Bestimmungsgleichung für β den Zähler und den Nenner durch n dividieren?

f) Ermitteln Sie die Bestimmungsgleichung für α durch Umformung der 1. Normalgleichung.

g) Wenn Sie den Ursprung Ihres Koordinatensystems in den Punkt $(\bar{x}, 0)$ legen, entspricht dies einer Messung der X-Werte in Abständen zum Mittelwert. Der Achsenabschnitt Ihrer Regressionsgeraden im transformierten Koordinatensystem entspricht dann $\bar{y}$, die Steigung der Geraden bleibt jedoch unverändert. Zeigen Sie dies in Ihrem Streudiagramm.

h) Wenn Sie den Ursprung Ihres Koordinatensystems in den Punkt $(\bar{x}, \bar{y})$ legen, entspricht dies einer Messung sowohl der X- als auch der Y-Werte in Abständen zum Mittelwert. Der Achsenabschnitt Ihrer Regressionsgeraden im transformierten Koordinatensystem ist dann 0, die Steigung der Geraden bleibt aber auch in diesem Fall unverändert. Zeigen Sie dies in Ihrem Streudiagramm.

i) Berechnen Sie das Steigungsmaß Ihrer Mietausgabenfunktion und interpretieren sie den numerischen Wert.

j) Berechnen Sie den Achsenabschnitt Ihrer Mietausgabenfunktion. Wie lautet Ihre Mietausgabenfunktion.

k) Zeigen Sie, dass eine nach der Methode der kleinsten Quadrate berechnete Regressionsfunktion durch den Punkt $(\bar{x}, \bar{y})$ geht.

l) Wie lauten die Regressionswerte, also die auf das jeweilige Einkommen x_i bedingten mittleren Mietausgaben $\hat{y}_i$?

m) Berechnen Sie die Abstandsquadratsumme $Q(\hat{\alpha}, \hat{\beta})$ und die Varianz σ_U^2

n) Berechnen Sie die Summe und den Mittelwert der quadrierten Abstände der Regressionswerte $\hat{y}_i$ von dem arithmetischen Mittel $\bar{y}$.

o) Vergleichen Sie die Summe der durch die Regression erklärten Varianz $(\sigma_{\hat{Y}}^2)$ und der von der Regression nicht erklärten Varianz (σ_U^2) mit der gesamten Varianz (σ_Y^2).

p) Wieviel Prozent der gesamten Varianz von Y können durch die Regression bestimmt werden? Wie nennt man diese Maßzahl?

2. Betrachten Sie die beiden folgenden Regressionen:

$$y_i = \alpha + \beta x_i + u_i$$
$$x_i = \psi + \delta y_i + v_i$$

a) Wie lauten die Bestimmungsgleichungen für $\hat{\beta}$ und $\hat{\delta}$?

b) Vergleichen Sie die beiden Bestimmungsgleichungen mit der Definition des linearen Korrelationskoeffizienten. Sehen Sie einen Zusammenhang?

c) Berechnen Sie $\hat{\delta}$ sowohl mit Hilfe der Bestimmungsgleichung (Aufgabe 2a) als auch über den Zusammenhang mit dem linearen Korrelationskoeffizienten.

d) Welche der beiden in Aufgabe 2a dargestellten Regressionen erscheint Ihnen sachlogisch sinnvoller?

10.4 R-Code

R-10-1

```
## Daten einlesen
d <- read.csv2(file = "allbus2018.csv", stringsAsFactors = FALSE)
d <- d[d$ostwest==0,]
n <- nrow(d)
# Stundenlohn in Euro
y <- as.numeric(d$stlohn)
# Ausbildungsjahre
x <- as.numeric(d$bildung)

## Einfache lineare Regression
reg <- lm(y ~ x)
# Ergebnis
a <- coef(reg)[1]
a
b <- coef(reg)[2]
b
# durch Schätzung vorhergesagte Werte (eng.: fitted values)
yd <- reg$fitted
# Residuen
r <- y - yd

## Funktionen
# Funktion für empirische Varianz erstellen
VarEmp <- function(x) {
  n <- length(x)
  var.emp <- (n-1)/n * var(x)

  return(var.emp)
}

## R2
VarEmp(yd) / VarEmp(y)

## Abbildung
# leicht modifizierte Ausbildungsjahre
set.seed(123)
x.mod <- x + runif(n = n, min = -0.15, max = 0.15)
# Streudiagramm
plot(x = x.mod, y = y, pch = 19, cex = 0.2,
     xlab = "x", ylab = "y", xaxt = "n")
axis(side = 1, at = 7:21, label = 7:21)
# Regressiongerade einzeichnen
lines(x = x, y = yd, lwd = 2)
```

11
Multiple Regressionsanalyse

Im vorangegangenen Kapitel haben wir eine einfache Variante der linearen Regression besprochen, bei der es nur eine erklärende Variable gibt. In diesem Kapitel besprechen wir eine Verallgemeinerung, bei der es zwei oder mehr erklärende Variablen geben kann. Diese multiple Regressionsanalyse ist das in den empirischen Wirtschafts- und Sozialwissenschaften am häufigsten verwendete Verfahren.

11.1 Das multiple Regressionsmodell

Um den Modellansatz zu erklären, verwenden wir eine abhängige Variable Y und zwei erklärende Variablen X_1 und X_2. Wir beziehen uns also auf eine dreidimensionale Variable (X_1, X_2, Y) und nehmen an, dass Werte (x_{1i}, x_{2i}, y_i) für n Einheiten gegeben sind. Ausgangspunkt ist die folgende Regressionsgleichung

$$y_i = \beta_0 + \beta_1 x_{1i} + \beta_2 x_{2i} + u_i.$$

β_0, β_1 und β_2 sind die Parameter der Regressionsfunktion

$$f(x_1, x_2) = \beta_0 + \beta_1 x_1 + \beta_2 x_2,$$

die für beliebige Argumente definiert ist. Wie bei der einfachen Regression werden die Residuen durch u_i bezeichnet.

Wenn es nur zwei erklärende Variablen gibt, lässt sich das Regressionsproblem noch im dreidimensionalen Raum darstellen. Die drei Parameter β_0, β_1 und β_2 bestimmen die Lage der Regressionsebene. Die vertikalen Abstände der Datenpunkten (x_{1i}, x_{2i}, y_i) von der Ebene entsprechen den Residuen u_i.

11.1.1 Anpassungskriterium und Zielfunktion

Die numerischen Werte der Parameter β_0, β_1 und β_2 bestimmen wir, wie im Fall der linearen Einfachregression, mit Hilfe der Methode der kleinsten Quadrate. Gesucht ist diejenige Regressionsebene, die die Summe der quadrierten Residuen, also $\sum_{i=1}^{n} u_i^2$, minimal macht. Die zu minimierende Abstandsquadratsumme ist

$$Q(\beta_0, \beta_1, \beta_2) = \sum_{i=1}^{n} (y_i - \beta_0 - \beta_1 x_{1i} - \beta_2 x_{2i})^2 .$$

Diese Funktion hängt von den drei Parametern β_0, β_1 und β_2 ab. Um ihr Minimum zu bestimmen, werden zunächst die partiellen

Ableitungen gebildet:

$$\frac{\partial Q(\beta_0,\beta_1,\beta_2)}{\partial \beta_0} = 2\sum_{i=1}^{n}(y_i-\beta_0-\beta_1 x_{1i}-\beta_2 x_{2i})(-1),$$

$$\frac{\partial Q(\beta_0,\beta_1,\beta_2)}{\partial \beta_1} = 2\sum_{i=1}^{n}(y_i-\beta_0-\beta_1 x_{1i}-\beta_2 x_{2i})(-x_{1i}),$$

$$\frac{\partial Q(\beta_0,\beta_1,\beta_2)}{\partial \beta_2} = 2\sum_{i=1}^{n}(y_i-\beta_0-\beta_1 x_{1i}-\beta_2 x_{2i})(-x_{2i}).$$

Durch das Nullsetzen dieser Ableitungen lassen sich Bestimmungsgleichungen zur Berechnung der optimalen Parameter $\hat\beta_0, \hat\beta_1$ und $\hat\beta_2$ ermitteln. Werden die Variablen als Mittelwertabweichungen betrachtet, d.h. $x_{1i}^* = x_{1i}-\bar x_1$, $x_{2i}^* = x_{2i}-\bar x_2$ und $y_i^* = y_i - \bar y$ anstelle von x_{1i},x_{2i} und y_i, resultieren folgende Bestimmungsgleichungen:

$$\hat\beta_0 = \bar y - \hat\beta_1 \bar x_1 - \hat\beta_2 \bar x_2,$$

$$\hat\beta_1 = \frac{\sum_{i=1}^n {x_{2i}^*}^2 \sum_{i=1}^n x_{1i}^* y_i^* - \sum_{i=1}^n x_{1i}^* x_{2i}^* \sum_{i=1}^n x_{2i}^* y_i^*}{\sum_{i=1}^n {x_{1i}^*}^2 \sum_{i=1}^n {x_{2i}^*}^2 - \left(\sum_{i=1}^n x_{1i}^* x_{2i}^*\right)^2},$$

$$\hat\beta_2 = \frac{\sum_{i=1}^n {x_{1i}^*}^2 \sum_{i=1}^n x_{2i}^* y_i^* - \sum_{i=1}^n x_{1i}^* x_{2i}^* \sum_{i=1}^n x_{1i}^* y_i^*}{\sum_{i=1}^n {x_{1i}^*}^2 \sum_{i=1}^n {x_{2i}^*}^2 - \left(\sum_{i=1}^n x_{1i}^* x_{2i}^*\right)^2}.$$

Wir betrachten ein kleines Zahlenbeispiel mit $n = 4$ Beobachtungen (siehe Abbildung 11.1):

$$(x_{11}, x_{21}, y_1) = (2,1,4),\ (x_{12}, x_{22}, y_2) = (4,5,3),$$
$$(x_{13}, x_{23}, y_3) = (6,3,6),\ (x_{14}, x_{24}, y_4) = (8,7,7).$$

Wir finden:

$$\hat\beta_1 = \frac{20\cdot 12 - 16\cdot 6}{20\cdot 20 - 256} = 1, \qquad \hat\beta_2 = \frac{20\cdot 6 - 16\cdot 12}{20\cdot 20 - 256} = -0.5$$

und $\hat\beta_0 = 5 - 1\cdot 5 - (-0.5)\cdot 4 = 2$. Die numerischen Regressionswerte $\hat y_i$ ergeben sich aus der Regressionsfunktion

$$\hat y_i = 2 + 1x_{1i} - 0.5x_{2i}.$$

Siehe Abbildung 11.2 zur Regressionsebene. R-11-1

Schließlich sei angemerkt, dass sich die Bestimmungsgleichungen auch mit Varianz- und Kovarianzausdrücken

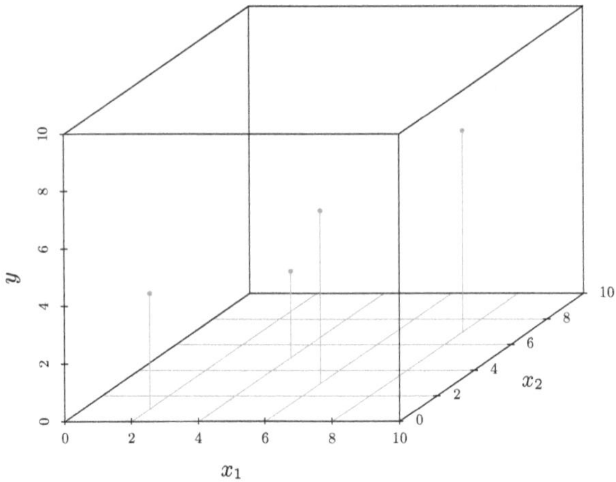

Abbildung 11.1: Zwei erklärende Variablen.

$$\hat{\beta}_1 = \frac{\sigma_{x_2}^2 \sigma_{x_1 y} - \sigma_{x_1 x_2} \sigma_{x_2 y}}{\sigma_{x_1}^2 \sigma_{x_2}^2 - \sigma_{x_1 x_2}^2} \quad \text{und} \quad \hat{\beta}_2 = \frac{\sigma_{x_1}^2 \sigma_{x_2 y} - \sigma_{x_1 x_2} \sigma_{x_1 y}}{\sigma_{x_1}^2 \sigma_{x_2}^2 - \sigma_{x_1 x_2}^2}$$

darstellen lassen.

11.2 Das multiple Regressionsmodell in Matrixnotation

Im allgemeinen Fall mit zwei oder mehr erklärenden Variablen ist es hilfreich, eine Matrixnotation zu verwenden. Ausgangspunkt sind folgende Regressionsgleichungen mit p erklärenden Variablen:

$$y_i = \beta_0 x_{0i} + \beta_1 x_{1i} + \beta_2 x_{2i} + ... + \beta_p x_{pi} + u_i,$$

wobei $x_{0i} = 1$ ist, für $i = 1, \ldots, n$. Werden die n Gleichungen untereinander geschrieben, kann man stattdessen in einer Matrixnotation die Gleichung

$$\boldsymbol{y} = \boldsymbol{X\beta} + \boldsymbol{u}$$

betrachten. $\boldsymbol{y}$ ist ein Spaltenvektor der Dimension $n \times 1$, $\boldsymbol{X}$ ist eine Matrix der Dimension $n \times (p+1)$, $\boldsymbol{u}$ ist ein Spaltenvektor der Dimension $n \times 1$. Gesucht ist ein Parametervektor $\boldsymbol{\beta} = (\beta_0, \beta_1, \ldots, \beta_p)'$.

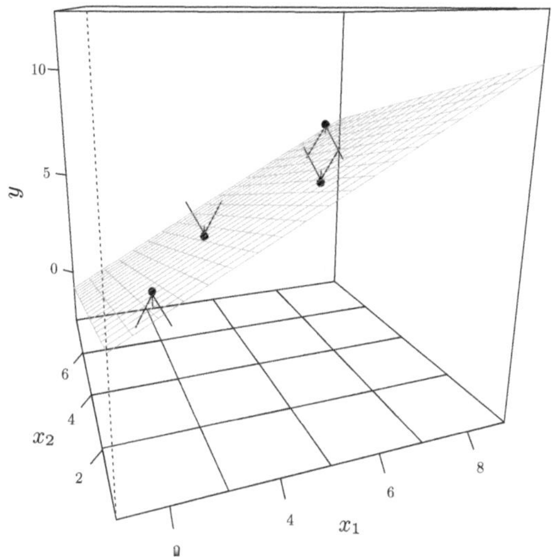

Abbildung 11.2: Regressionsebene für die Regression mit zwei erklärenden Variablen. Die schwarzen Pfeile deuten an, ob der Punkt über oder unter der Ebene liegt. Wenn der Pfeil nach oben zeigt liegt der Punkt über der Ebene.

Die zu minimierende Zielfunktion ist

$$Q(\boldsymbol{\beta}) = (\boldsymbol{y} - \boldsymbol{X\beta})'(\boldsymbol{y} - \boldsymbol{X\beta}).$$

Die Ableitung nach dem Vektor $\boldsymbol{\beta}$ ist

$$\frac{\partial Q(\boldsymbol{\beta})}{\partial \boldsymbol{\beta}} = -2\boldsymbol{X}'\boldsymbol{y} + 2\boldsymbol{X}'\boldsymbol{X\beta} = 0.$$

Als Lösung findet man

$$\hat{\boldsymbol{\beta}} = (\boldsymbol{X}'\boldsymbol{X})^{-1}\boldsymbol{X}'\boldsymbol{y}.$$

Die Varianz der Residuen ergibt sich in Matrixnotation als[1]

$$\hat{\sigma}^2 = \frac{1}{n}\,\hat{\boldsymbol{u}}'\hat{\boldsymbol{u}}.$$

[1] Im Kontext stochastischer Modelle wird die auf Basis der Residuen berechnete Varianz als Schätzwert für die Varianz des Störterms interpretiert und üblicherweise nicht durch n, sondern durch die Zahl der Freiheitsgrade $n - p - 1$ dividiert.

Wir illustrieren die Berechnung mit den oben eingeführten Beispieldaten ($n = 4$, $p = 2$). Ausgehend von der Modellmatrix $\boldsymbol{X}$ und dem Vektor der erklärenden Variablen

$$\boldsymbol{X} = \begin{bmatrix} 1 & 2 & 1 \\ 1 & 4 & 5 \\ 1 & 6 & 3 \\ 1 & 8 & 7 \end{bmatrix} \quad \boldsymbol{y} = \begin{bmatrix} 4 \\ 3 \\ 6 \\ 7 \end{bmatrix}$$

berechnen wir die Bestandteile für die Schätzgleichung:

$$\boldsymbol{X}'\boldsymbol{X} = \begin{bmatrix} 4 & 20 & 16 \\ 20 & 120 & 96 \\ 16 & 96 & 84 \end{bmatrix},$$

$$\left(\boldsymbol{X}'\boldsymbol{X}\right)^{-1} = \begin{bmatrix} 1.5 & -0.25 & 0 \\ -0.25 & 0.139 & -0.111 \\ 0 & -0.111 & 0.139 \end{bmatrix}, \quad \boldsymbol{X}'\boldsymbol{y} = \begin{bmatrix} 20 \\ 112 \\ 86 \end{bmatrix}$$

und erhalten schließlich die geschätzten Koeffizienten mit

$$\hat{\boldsymbol{\beta}} = \left(\boldsymbol{X}'\boldsymbol{X}\right)^{-1} \boldsymbol{X}'\boldsymbol{y} = \begin{bmatrix} 2 \\ 1 \\ -0.5 \end{bmatrix}.$$

Die Regressionswerte ergeben sich als

$$\hat{\boldsymbol{y}} = \boldsymbol{X}\hat{\boldsymbol{\beta}} = \begin{bmatrix} 3.5 \\ 3.5 \\ 6.5 \\ 6.5 \end{bmatrix}.$$

Für die Residuen finden wir

$$\hat{\boldsymbol{u}} = \boldsymbol{y} - \boldsymbol{X}\hat{\boldsymbol{\beta}} = \begin{bmatrix} 0.5 \\ -0.5 \\ -0.5 \\ 0.5 \end{bmatrix}.$$

Die Varianz der Residuen ist $\hat{\sigma}^2 = \hat{\boldsymbol{u}}'\hat{\boldsymbol{u}}/n = 0.25$. R-11-2

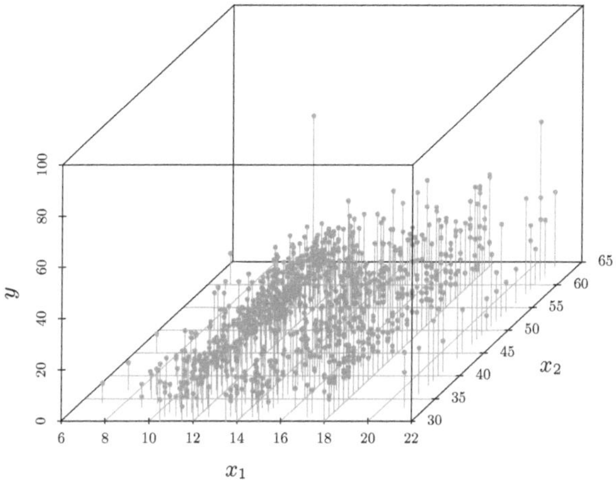

Abbildung 11.3: Ausbildungsjahre (x_1), Alter (x_2) und Einkommen (y).

11.3 Eine multiple Lohnregression

Jetzt verwenden wir unser ALLBUS-Datenfile (Westdeutschland), um zu untersuchen, wie der *Stundenlohn* (Y) sowohl von den Ausbildungsjahren (X_1) als auch vom *Alter* (X_2) abhängt. Wir berücksichtigen dabei die Daten für $n = 1014$ Personen im Alter zwischen 30 und 65 Jahren. Die Daten sind in Abbildung 11.3 dargestellt. Die Regressionsfunktion hat die Gestalt

$$f(x_1, x_2) = \beta_0 + \beta_1 x_1 + \beta_2 x_2.$$

Mit der Methode der kleinsten Quadrate findet man die optimalen Parameter $\hat{\beta}_0 = -5.129$, $\hat{\beta}_1 = 1.049$ und $\hat{\beta}_2 = 0.112$, so dass die Regressionsfunktion folgendermaßen aussieht:

$$\hat{y} = \hat{f}(x_1, x_2) = -5.129 + 1.049\, x_1 + 0.112\, x_2.$$

R-11-3

Bei der Interpretation ist zunächst zu beachten, dass $\hat{y}$ eine Approximation des bedingten Mittelwerts von Y ist, wenn als Bedingung die Werte $X_1 = x_1$ und $X_2 = x_2$ gegeben sind. Die Funktion zeigt also, wie ein Durchschnittslohn von der Anzahl der Ausbildungsjahre und dem Alter abhängt. So kann man z. B. sagen: In unserem Datenfile beträgt die Stundenlohndifferenz zwischen Personen gleichen Alters, deren Ausbildungsdauer sich um ein Jahr unterscheidet, im Durchschnitt 1.05 Euro.

Man könnte auch sagen: Wenn man bei gleichem Alter die Ausbildungsdauer um ein Jahr erhöht, erhöht sich der durchschnittliche Stundenlohn um 1.05 Euro. Aber hier muss man aufpassen. Im Rahmen der deskriptiven Statistik liefert die Regressionsrechnung eine deskriptive Aussage über die durch ein Datenfile gegebenen Daten, in unserem Beispiel über 1014 Lohnempfänger im Jahr 2018. Darüber was passiert, wenn sich bei diesen Personen das Alter oder die Ausbildungsdauer verändert, liefert die Regressionsfunktion keine verlässlichen Informationen.

Wichtig ist auch, dass die Ergebnisse davon abhängen, welche erklärenden Variablen verwendet werden. Untersuchen wir mit den gleichen Daten, wie der Stundenlohn linear von den Ausbildungsjahren abhängt, erhalten wir als Ergebnis die Regressionsfunktion $\hat{y} = 0.486 + 1.025\,x_1$. Offenbar unterscheidet sich der ermittelte Zusammenhang mit den Ausbildungsjahren durch die Hinzunahme des Alters als weitere erklärende Variable geringfügig.

11.4 Partielle Regressionskoeffizienten und Residuenregressionen

Die Regressionswerte liegen auf der berechneten Regressionsebene

$$\hat{y} = \hat{\beta}_0 + \hat{\beta}_1 x_1 + \hat{\beta}_2 x_2 .$$

Wegen

$$\frac{\partial \hat{y}}{\partial x_1} = \hat{\beta}_1 \qquad \text{und} \qquad \frac{\partial \hat{y}}{\partial x_2} = \hat{\beta}_2$$

gibt der partielle Regressionskoeffizient $\hat{\beta}_1$ an, wie sich $\hat{y}$ verändert, wenn die Variable X_1 um eine Einheit zunimmt, gegeben dass die Variable X_2 konstant bleibt. Ganz analog gibt $\hat{\beta}_2$ an, wie sich $\hat{y}$ verändert, wenn die Variable X_2 um eine Einheit zunimmt, gegeben dass die Variable X_1 konstant bleibt.

Im Lohnbeispiel sind X_1 und X_2 fast unkorreliert (r = −0.074). Bei hoch korrelierenden erklärenden Variablen würde das Problem bestehen, dass Differenzen bei einer Variablen bei Konstanz der anderen Variablen kaum beobachtet wurden.

Für die Interpretation von partiellen Regressionskoeffizienten ist es hilfreich, sich zu verdeutlichen, dass diese auch aus einfachen linearen Regressionen mit Residuen berechnet werden können.

Der partielle lineare Einfluss von X_1 auf $\hat{y}$ entspricht dem Einfluss von X_1, nachdem der lineare Einfluss von X_2 auf X_1 eliminiert wurde, auf $\hat{y}$, nachdem auch aus Y der lineare Einfluss von X_2 eliminiert wurde.

Für das Zahlenbeispiel finden wir für die Regression von X_1 auf X_2

$$\hat{x}_{1|x_2} = 14.906 + -0.025x_2.$$

Die Residuen dieser Regression bezeichnen wir mit $\hat{u}_{x_1|x_2}$.

Für die Regression von y auf x_2 finden wir

$$\hat{y}_{|x_2} = 10.514 + 0.085x_2$$

und bezeichnen die Residuen dieser Regression mit $\hat{u}_{y|x_2}$.

Für die Regression der Residuen $\hat{u}_{y|x_2}$ auf die Residuen $u_{x_1|x_2}$ ergibt sich

$$\tilde{u}_{y|x_2} = 0 + 1.049\hat{u}_{x_1|x_2}.$$

Der Steigungskoeffizient dieser linearen Einfachregression für Residuen entspricht gerade dem partiellen Regressionskoeffizient $\hat{\beta}_1$ der multiplen Lohnregression.

Aus diesem Grund verändern sich partielle Regressionskoeffizienten, wenn eine Variable zusätzlich in eine Regression aufgenommen oder aus dieser entfernt wird, es sei denn, diese Variable ist mit allen anderen Kovariaten (erklärenden Variablen) unkorreliert. Ein Fall, der in empirischen Analysen praktisch nie auftritt. R-11-4

11.5 Interaktionen erklärender Variablen

Bei der eben verwendeten multiplen Regressionsfunktion hängt der Zusammenhang zwischen der abhängigen Variablen und einer erklärenden Variablen nicht davon ab, welchen Wert die jeweils andere erklärende Variable hat. Z. B. beträgt die durchschnittliche Stundenlohndifferenz bei einer Ausbildungsdifferenz von einem Jahr stets 1.05 Euro, unabhängig vom Alter. Es ist aber durchaus möglich, dass es eine Interaktion zwischen Ausbildungsdauer und

Alter gibt. Um das zu untersuchen, kann eine weitere Variable $X_3 = X_1 X_2$ mit Werten $x_{3i} = x_{1i} x_{2i}$ verwendet werden. Die Regressionsfunktion sieht dann so aus:

$$f(x_1, x_2) = \beta_0 + \beta_1 x_1 + \beta_2 x_2 + \beta_3 x_1 x_2.$$

Mit der Methode der kleinsten Quadrate findet man nun die Parameter $\hat{\beta}_0 = 9.167$, $\hat{\beta}_1 = 0.017$, $\hat{\beta}_2 = -0.187$ und $\hat{\beta}_3 = 0.022$, so dass die Regressionsfunktion folgendermaßen aussieht:

$$\hat{y} = \hat{f}(x_1, x_2) = 9.167 + 0.017\, x_1 - 0.187\, x_2 + 0.022\, x_1 x_2.$$

Für die partiellen Ableitungen finden wir nun

$$\frac{\partial \hat{y}}{\partial x_1} = \hat{\beta}_1 + x_2 \hat{\beta}_3 \qquad \text{und} \qquad \frac{\partial \hat{y}}{\partial x_2} = \hat{\beta}_2 + x_1 \hat{\beta}_3.$$

Dies bedeutet, dass der Effekt einer Erhöhung der Anzahl der Ausbildungsjahre um ein weiteres Jahr auf den linear approximierten bedingten Mittelwert des Stundenlohnes von dem Alter der Person abhängt. Für eine 40-jährige Person finden wir z. B. einen Anstieg von $\hat{y}$ um $0.017 + 40 \cdot 0.022 = 0.883$. Für eine 50-jährige Person finden wir hingegen einen Anstieg von $\hat{y}$ um $0.017 + 50 \cdot 0.022 = 1.099$. R-11-5

11.6 Aufgaben

1. Leiten Sie die Berechnungsvorschriften der Parameter $\hat{\beta}_0, \hat{\beta}_1$ und $\hat{\beta}_2$ her (vgl. Seite 185).

2. Wir betrachten ein kleines Zahlenbeispiel mit $n = 4$ Beobachtungen:

$$(x_{11}, x_{21}, y_1) = (2, 3, 2),\ (x_{12}, x_{22}, y_2) = (4, 8, 1),$$
$$(x_{13}, x_{23}, y_3) = (6, 5, 3),\ (x_{14}, x_{24}, y_4) = (8, 0, 6).$$

a) Berechnen Sie die Regressionsparameter $\hat{\beta}_0, \hat{\beta}_1$ und $\hat{\beta}_2$ mit Hilfe der in der vorherigen Aufgabe hergeleiteten Berechnungsvorschriften.

b) Berechnen Sie die Regressionsparameter mit Hilfe von Matrixoperationen. Ermitteln Sie auch die Regressionswerte und die Residuen. Hilfe:

$$(\boldsymbol{X}'\boldsymbol{X})^{-1} = \begin{bmatrix} 3.328 & -0.407 & -0.261 \\ -0.407 & 0.063 & 0.022 \\ -0.261 & 0.022 & 0.037 \end{bmatrix}$$

11.7 R-Code

R-11-1

```
### Daten einlesen
x1 <- c(2,4,6,8)
x2 <- c(1,5,3,7)
y <- c(4,3,6,7)

### 3D-Plot
library(scatterplot3d)
scatterplot3d(x1, x2, y,
              xlab = "x1", ylab = "x2", zlab = "y",
              color = "darkgrey", pch = 20, type = "h",
              xlim = c(0,10), ylim = c(0,10), zlim = c(0,10))

### Regression
n <- length(y)
mx1 <- mean(x1)
mx2 <- mean(x2)
my <- mean(y)
x1s <- x1-mx1
x2s <- x2-mx2
ys <- y-my

# geschätzter Koeffizient für beta 1
b1 <- (sum(x2s^2) * sum(x1s*ys) - sum(x1s*x2s) * sum(x2s*ys)) /
  (sum(x1s^2) * sum(x2s^2) - sum(x1s*x2s)^2)
b1
# geschätzter Koeffizient für beta 2
b2 <- (sum(x1s^2) * sum(x2s*ys) - sum(x1s*x2s) * sum(x1s*ys)) /
  (sum(x1s^2) * sum(x2s^2) - sum(x1s*x2s)^2)
b2
# geschätzter Koeffizient für beta 0
b0 <- my - b1*mx1 - b2*mx2; b0

# alternativ via lm()
reg <- lm(y ~ x1 + x2); reg

### Regressionsebene
library(rockchalk)
plotPlane(model = reg, plotx1 = "x1", plotx2 = "x2",
          drawArrows = TRUE, alwd = 1, pch = 19, pcol = 1,
          alength = 0.3, alty = 1, acol = "black", lcol = "darkgrey",
          ticktype = "detailed", cex.axis = 1)
```

R-11-2

```
X <- cbind(1, x1, x2)

# geschätzte Koeffizienten
beta <- solve(t(X) %*% X) %*% t(X) %*% y; beta
```

```
# Regressionswerte
y.d <- X %*% beta; y.d

# Residuen
u.d <- y - X %*% beta; u.d

# Varianz der Residuen
t(u.d) %*% u.d / n
```

R-11-3

```
## Daten einlesen
d <- read.csv2(file = "allbus2018.csv", stringsAsFactors = FALSE)
d <- d[d$ostwest==0 & d$alter<=65 & d$alter>=30 ,]
n <- nrow(d)
# Stundenlohn in Euro
y <- as.numeric(d$stlohn)
# Ausbildungsjahre
x1 <- as.numeric(d$bildung)
# Alter
x2 <- d$alter

## 3D-Plot
library(scatterplot3d)
scatterplot3d(x1, x2, y, color = "darkgrey",
              pch = 20, type = "h")

## Regression
reg <- lm(y ~ x1 + x2); reg
```

R-11-4

```
# Korrelation von Ausbildungsjahren und Alter
cor(x1, x2)
# Koeffizient der Ausbildungsjahre über
# Einzelregressionen berechnen
reg.x1x2 <- lm(x1 ~ x2); reg.x1x2
reg.yx1 <- lm(y ~ x1)
reg.yx2 <- lm(y ~ x2); reg.yx2
u.x1x2 <- reg.x1x2$resid
u.yx2 <- reg.yx2$resid
reg2 <- lm(u.yx2 ~ u.x1x2)
reg2
```

R-11-5

```
# Regression mit Interaktion
x3 <- x1*x2
reg3 <- lm(y ~ x1 + x2 + x3); reg3
```

12

Zeitreihen

Viele statistische Variablen, mit denen wirtschaftliche Aktivitäten erfasst werden, werden als Zeitreihen dargestellt. Üblich ist die Messung und Darstellung für äquidistante (d.h. gleiche Abstände aufweisende) Beobachtungszeitpunkte, z. B. für Monate, Quartale oder Jahre. Die meisten ökonomischen Aktivitäten unterliegen dabei jahreszeitlichen Einflüssen. In der Zeitreihenanalyse wird versucht, verschiedene Komponenten der zeitlichen Entwicklung einer Zeitreihe zu identifizieren.

12.1 Einleitung

Als Beispiel für eine Zeitreihe betrachten wir in diesem Kapitel durchgängig die zeitliche Entwicklung des Bruttoinlandsprodukts (BIP), für das vom Statistischen Bundesamt Vierteljahreswerte veröffentlicht werden. Das Bruttoinlandsprodukt quantifiziert die in einer Periode, hier in einem Vierteljahr, im Inland im Rahmen der Produktion entstandenen Einkommen. Über die reine Beschreibung der zeitlichen Entwicklung hinaus wird in der Zeitreihenanalyse versucht, mit Hilfe eines Modells verschiedene Komponenten der zeitlichen Entwicklung zu identifizieren.

Weitere interessierende betriebswirtschaftliche und volkswirtschaftliche Sachverhalte, die in Form von Zeitreihen dargestellt werden, sind z. B. Entwicklungen von Preisindizes, von Aktienkursen und der Arbeitslosenquote.

Zur Notation einer Zeitreihe verwenden wir eine Variable Y mit Werten y_i $(i = 1, \dots, n)$. Diese Werte beziehen sich auf (meistens äquidistante) Zeitpunkte t_i, wobei eine zeitliche Reihenfolge $t_1 < t_2 < \cdots < t_n$ angenommen wird.

Die beiden Abbildungen 12.1 und 12.2 zeigen die zeitliche Entwicklung der Vierteljahreswerte des preisbereinigten Bruttoinlandsprodukts, das als Index mit dem Basisjahr 2010 dargestellt wird, d.h. im Jahr 2010 hat der Index im Durchschnitt gerade den Wert 100. Abbildung 12.2 zeigt die Veränderungsrate (w) für jedes Quartal gegenüber dem Vorquartal. R-12-1

Die erste Abbildung zeigt einen langfristigen Anstieg von 90.6 Punkten zu Beginn des Jahres 2002 bis auf 115.7 im ersten Quartal des Jahres 2019. Auffällig sind die beiden starken Einbrüche im vierten Quartal 2008 und im ersten Quartal 2009 in Folge der internationalen Finanzkrise. Die Veränderungsraten betrugen hier gegenüber dem Vorquartal $-4.1\,\%$ und $-5.1\,\%$. Der Einbruch der Einkommensentstehung (preisbereinigt) innerhalb eines halben Jahres vom ersten Quartal 2009 gegenüber dem dritten Quartal in 2008 um $-9\,\%$ ist bemerkenswert.

Die Abbildung der prozentualen Veränderungsraten (w) lässt deutlich ein saisonales Muster erkennen. Die Veränderungsraten der vier Quartale unterscheiden sich deutlich. Tabelle 12.1 zeigt einige Maßzahlen, die diese Unterschiede quantifizieren (Mittelwert $\bar{w}$, Median $\tilde{w}_{0.5}$, Standardabweichung σ_w und mittlere absolute Abwei-

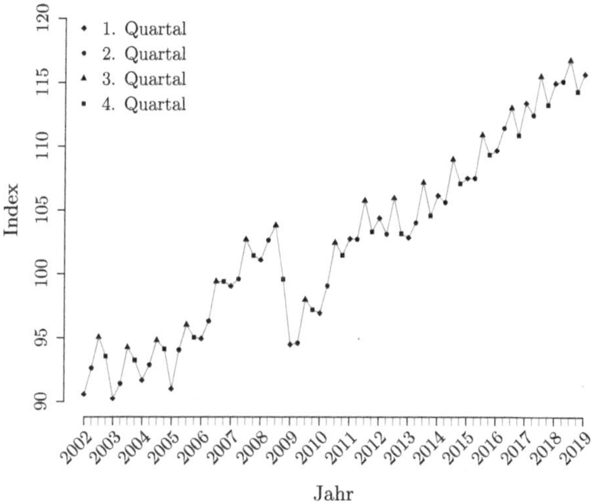

Abbildung 12.1: Zeitliche Entwicklung der Vierteljahreswerte des preisbereinigten Bruttoinlandsprodukts.

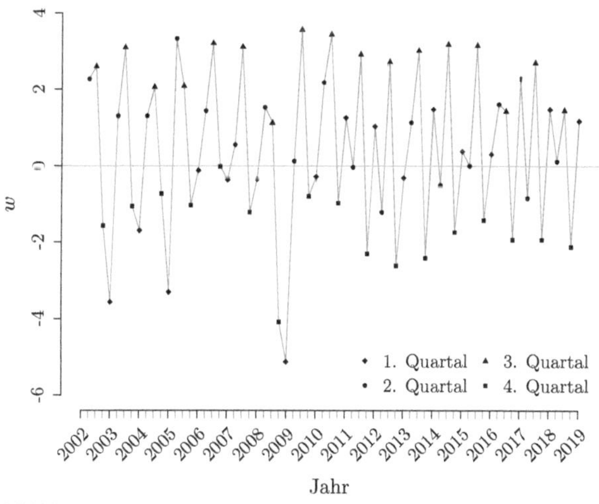

Abbildung 12.2: Zeitliche Entwicklung des BIP – Veränderungsrate (w) für jedes Quartal gegenüber dem Vorquartal.

Tabelle 12.1: Veränderungsrate des BIP.

	$\bar{w}$	$\tilde{w}_{0.5}$	σ_w	MA_w
1. Quartal	-0.33	-0.12	1.96	1.44
2. Quartal	0.85	1.14	1.17	0.99
3. Quartal	2.65	2.93	0.72	0.57
4. Quartal	-1.64	-1.57	0.91	0.70
Alle	0.38	0.35	2.03	1.70

chung MA_w der Veränderungsraten). Anhand der Mittelwerte lässt sich folgender typische Jahresverlauf charakterisieren: Im ersten Quartal sinkt das BIP leicht ($-0.33\,\%$). Im zweiten Quartal wächst das BIP verhalten ($0.85\,\%$) und im dritten Quartal kräftig ($2.65\,\%$). Im vierten Quartal folgt ein deutlicher Rückgang ($-1.64\,\%$). Die beiden Streuungsmaße (σ_w und MA_w) weisen aus, dass die Entwicklung im ersten Quartal über die Jahre besonders stark streut. Zu vermuten ist, dass im ersten Quartal der klimatische Einfluss in Form milder oder strenger Winter stark variiert. R-12-2

12.2 Komponenten von Zeitreihen

Gedanklicher Ausgangspunkt der Zeitreihenanalyse ist die Vorstellung, dass sich die Werte der Zeitreihe als Summen oder als Produkte von vier Komponenten ergeben. Das additive Modell lässt sich in der Form

$$y_i = g_i + k_i + s_i + u_i,$$

das multiplikative Modell in der Form

$$y_i = g_i\, k_i\, s_i\, u_i$$

darstellen. Beide Modelle werden in der Praxis verwendet. Das Veröffentlichungsprogramm des Statistischen Bundesamtes umfasst sowohl mit dem Census X-12-ARIMA-Verfahren (multiplikatives Modell) als auch mit dem BV4.1-Verfahren (additives Modell) ermittelte Komponenten. Die vier Komponenten lassen sich folgendermaßen charakterisieren:

Die glatte Komponente g_i stellt die mittel- und längerfristigen Entwicklung dar. In der glatten Komponente sind sowohl die langfristige Trend- als auch die mittelfristige (i.d.R. mehrjährige) Konjunkturentwicklung zusammengefasst.

Die Kalenderkomponente k_i erfasst Abweichungen, die durch unterschiedliche Anzahlen an Arbeitstagen bedingt sind. Das Statistische Bundesamt ermittelt sog. Normperioden, d.h. übliche Anzahlen an Arbeitstagen für verschiedene Perioden. Ein Durchschnittsmonat hat 20.8, ein Durchschnittsquartal hat 62.4 und ein Durchschnittsjahr hat 249.7 Arbeitstage. Aufgrund von Vor- und Nachholeffekten sind die tatsächlichen Abweichungen in den betrachteten Größen (z. B. das Bruttoinlandsprodukt) geringer als die arbeitstäglichen Unterschiede.

Die meisten Zeitreihen weisen eine saisonale Komponente s_i auf. Saisonschwankungen sind regelmäßige unterjährige Schwankungen. Ursachen sind meist klimatische Bedingungen, die sich auf wirtschaftliche Aktivitäten auswirken (Urlaubsreisen, Bautätigkeit, etc.).

Die Restkomponente u_i beinhaltet Einflüsse, die nicht durch die drei anderen Komponenten erfasst werden. In ihr sind auch Sondereinflüsse wie Streiks, Wettereinflüsse u.ä. enthalten. Üblich ist die Modellannahme, dass für eine ausreichende Anzahl an Beobachtungen die Restkomponente keinen Trend aufweist, so dass der Mittelwert der u_i-Werte im additiven Modell 0 und im multiplikativen Modell 1 ist.

Abbildung 12.3 zeigt für das preisbereinigte BIP die zeitliche Entwicklung der vier Komponenten, die ausgehend von einem multiplikativen Modell mit dem X-12-ARIMA-Verfahren berechnet wurden.[1] R-12-3

12.3 Trendermittlung

Bei der Berechnung der glatten Komponente können verschiedene Methoden verwendet werden. Bei einem globalen Ansatz werden zur Berechnung eines Trendwerts g_i alle n Beobachtungswerte verwendet. Dies ist z. B. der Fall, wenn ein Trend mit der Methode

[1] Statistisches Bundesamt, Fachserie 18 Reihe 1.3, Volkswirtschaftliche Gesamtrechnungen, Inlandsproduktsberechnung, Saisonbereinigte Vierteljahresergebnisse nach Census X-12-ARIMA und BV4.1, 1. Vierteljahr 2019, Tabelle 1.2, Wiesbaden 2019.

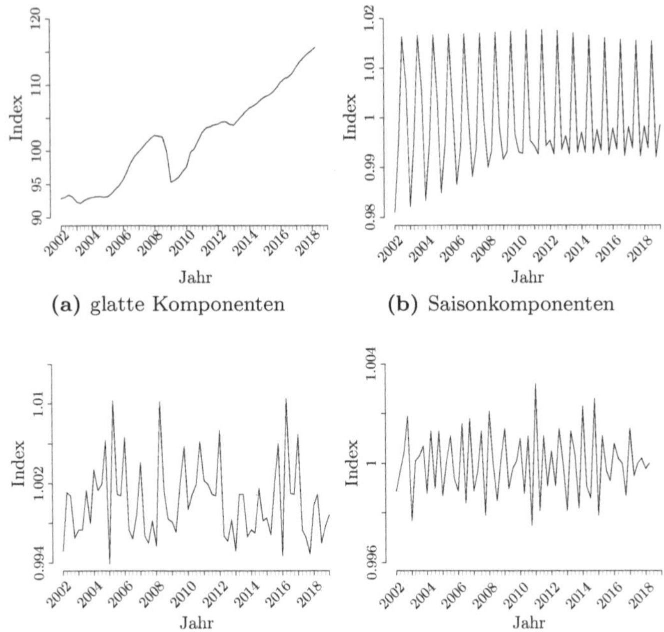

(a) glatte Komponenten (b) Saisonkomponenten

(c) Kalenderkomponente (d) Restkomponente

Abbildung 12.3: Komponenten des X-12-ARIMA-Verfahrens.

der kleinsten Quadrate durch eine Regressionsfunktion bestimmt wird.

Alternativ kann ein lokaler Ansatz verwendet werden. Bei diesem Ansatz werden zur Berechnung eines Trendwertes g_i nur y_i und einige zeitlich benachbarte Werte von y_i verwendet. Als Beispiel besprechen wir weiter unten die Methode der gleitenden Durchschnitte.

12.3.1 Trendfunktionen

Als Trendfunktion kann im einfachsten Fall ein linearer Trend mit der Methode der kleinsten Quadrate berechnet werden. Als erklärende Variable werden die Zeitpunkte t_i verwendet. Die er-

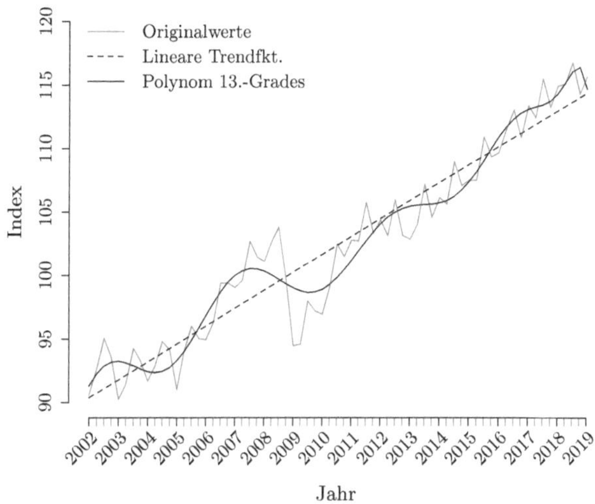

Abbildung 12.4: Arten von Trendfunktionen.

mittelten Regressionswerte ergeben dann die Werte der glatten Komponente g_i. In der Abbildung 12.4 ist eine so berechnete lineare Trendfunktion eingezeichnet. Man erkennt, dass die Gerade die lang- und mittelfristige Entwicklung nur unzureichend nachzeichnet. Zusätzlich ist ein Polynom (vom Grad 13) eingezeichnet, das sehr viel flexibler ist. Aber auch dieses hochgradige Polynom macht die Entwicklung während der Krise Ende 2008/Anfang 2009 nur unzureichend sichtbar. R-12-4

12.3.2 Gleitende Durchschnitte

Eine Alternative zu parametrischen Trendfunktionen sind gleitende Durchschnitte. Zu einem Zeitpunkt t_i wird als Ausgleichswert ein arithmetisches Mittel aus den λ um die Zeitstelle liegenden $Y-$Werten berechnet. Je größer λ gewählt wird, desto stärker ist die Glättung. Enthält die Zeitreihe eine Saisonkomponente, sollte λ so gewählt werden, dass es ein *Vielfaches der Zahl der Phasen* ist. Bei Quartalswerten, d.h. einer Zeitreihe mit vier Phasen, sollte λ demnach ein Vielfaches von vier sein.

Bei einem ungeraden Wert von λ werden neben y_i auch die

$l = (\lambda - 1)/2$ Y-Werte links und rechts von y_i berücksichtigt. Als Trendwert ergibt sich dann

$$g_i = \frac{1}{2l+1}(y_{i-l} + \ldots + y_i + \ldots + y_{i+l}).$$

Wenn λ eine gerade Zahl ist, werden zwar $\lambda+1$ Werte verwendet (so dass $\lambda+1 = 2l+1$ ist), jedoch werden die beiden Randwerte jeweils mit dem Faktor 0.5 gewichtet, so dass ein gewichteter Mittelwert entsteht

$$g_i = \frac{1}{2l}(0.5y_{i-l} + y_{i-l+1} + \ldots + y_i + \ldots + y_{i+l-1} + 0.5y_{i+l}).$$

Wird z. B. für das dritte Quartal 2015 ein gleitendes 4er-Mittel berechnet, gehen in den Wert g_i das zweite, dritte und vierte Quartal aus 2015 mit einem Gewicht von 1, die beiden ersten Quartale von 2015 und 2016 mit einem Gewicht von jeweils 0.5 ein.

Gleitende Durchschnittswerte enthalten *fast nur eine glatte Komponente*, weil sich die übrigen drei Komponenten annahmegemäß über vier Phasen weitgehend ausgleichen. Dies lässt sich folgendermaßen darstellen:

$$\begin{aligned} g_i &= \frac{1}{2l}(0.5y_{i-l} + \ldots + y_i + \ldots + .0.5y_{i+l}) \\ &= \frac{1}{2l}\left(0.5y_{i-l} + \sum_{j=i-l+1}^{j=i+l-1} y_j + 0.5y_{i+l}\right) \end{aligned}$$

Ersetzt man nun die y-Werte durch den theoretischen Ansatz $g + k + s + u$, findet man

$$\begin{aligned} g_i = &\frac{1}{2l}\left(0.5g_{i-l} + \sum_{j=i-l+1}^{j=i+l-1} g_j + 0.5g_{i+l}\right) \\ &+ \frac{1}{2l}\left(0.5k_{i-l} + \sum_{j=i-l+1}^{j=i+l-1} k_j + 0.5k_{i+l}\right) \\ &+ \frac{1}{2l}\left(0.5s_{i-l} + \sum_{j=i-l+1}^{j=i+l-1} s_j + 0.5s_{i+l}\right) \end{aligned}$$

$$+ \frac{1}{2l}\left(0.5u_{i-l} + \sum_{j=i-l+1}^{j=i+l-1} u_j + 0.5u_{i+l}\right).$$

Der weitgehende Ausgleich von Kalender-, Saison- und Restkomponente ist eine vorteilhafte Eigenschaft der gleitenden Durchschnitte. Problematisch ist jedoch, dass am Reihenanfang und -ende jeweils l Werte verloren gehen. Damit sind gleitende Mittelwerte für Beurteilungen der aktuellen Entwicklung nicht geeignet.

Um eine stärkere Glättung zu erreichen, kann entweder ein höherer Wert für λ gewählt werden, oder es kann auf die gleitenden Durchschnitte erneut eine gleitende Mittelung angewendet werden. Zur Illustration zeigt Abbildung 12.5 neben den Ursprungswerten die ein- und zweifach gemittelten 4er-Mittel und ein 8er-Mittel. Zu beachten ist, dass bei dem 4er-Mittel am Reihenanfang und am Reihenende jeweils zwei und bei dem hintereinander geschalteten 4er-Mittel und dem 8er-Mittel jeweils 4 Werte nicht berechnet werden können. Es ist ersichtlich, dass der Glättungseffekt bei der doppelten 4er Mittelung aufgrund der höheren Gewichtung der zentralen Werte geringer als bei dem einfachen 8er Mittel ist. R-12-5

12.4 Saisonbereinigung

Im Rahmen der Konjunkturbeobachtung ist das Interesse auf die Entwicklung der mittel- und längerfristigen Komponente gerichtet. Der saisonale Einfluss wird als störend betrachtet, so dass man durch eine Saisonbereinigung eine *Eliminierung der Saisonkomponente* erreichen möchte. Zu beachten ist natürlich, dass die Saisonkomponente (wie auch die anderen Komponenten) durch das jeweils verwendete Modell definiert wird.

In Deutschland werden vom Statistischen Bundesamt für jedes Quartal zwei saisonbereinigte Werte veröffentlicht, die auf Basis zweier unterschiedlicher Verfahren berechnet werden. Das Berliner-Verfahren (BV4.1) beruht auf einem additiven Modell und einem parametrischen Ansatz zur Ermittlung der glatten Komponente. Das Census-Verfahren (X-12-ARIMA) beruht auf einem multiplikativen Modell und verwendet eine gleitende Mittelung zur Ermittlung der glatten Komponente. Im Folgenden betrachten wir

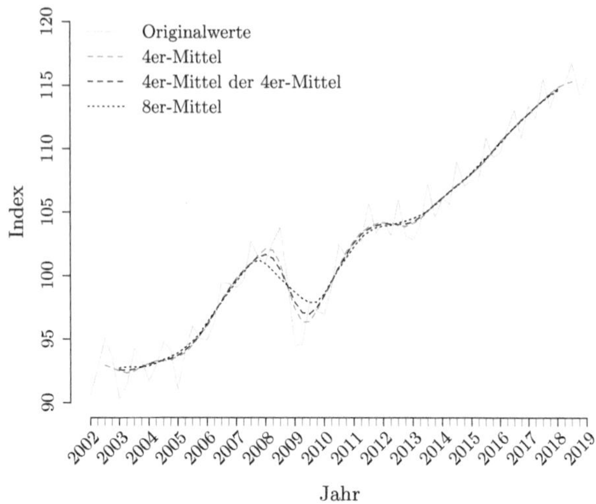

Abbildung 12.5: Ursprungswerte, ein- und zweifach gemittelte 4er-Mittel und ein 8er-Mittel.

das Periodogrammverfahren, das eine vereinfachte Variante des Census-Verfahrens darstellt.

12.4.1 Periodogrammverfahren

Wir verwenden jetzt anstelle von y_i den Ausdruck y_{jk}, wobei j der Index für das Jahr und k der Index für die Phase (Quartale) ist. Beispielsweise ist $y_{2,1}$ der erste Quartalswert des Jahres 2002. Das vereinfachte Verfahren beruht auf dem multiplikativen Modell und der Annahme einer zeitlich stabilen Saisonfigur, so dass $s_{jk} = s_k$ gilt.

Das Verfahren enthält fünf Schritte: (1) Ermittlung der glatten Komponente durch gleitende Mittelung. (2) Bereinigung der Originalwerte um die glatte Komponente (Trendbereinigung). (3) Ermittlung der mittleren relativen Trendabweichungen der Phasen (Quartale). (4) Normierung der mittleren relativen Trendabweichungen. (5) Ermittlung von saisonbereinigten Werten.

Für die *Ermittlung der glatten Komponente* (g_{jk}) wählen wir ein gleitendes 4er-Mittel (Schritt 1). Die *Trendbereinigung*

(Schritt 2) führt zu Werten

$$d_{jk} = y_{jk}/g_{jk} = k_{jk}\, s_{jk}\, u_{jk},$$

die noch die Kalender-, Saison- und Restkomponente enthalten. Die *mittleren Phasenmittel* (Quartalsmittel)

$$\bar{d}_k = \frac{1}{J^*} \sum_{j=1}^{J^*} d_{jk}$$

werden aus den jeweiligen Werten der betrachteten Phase k ermittelt (Schritt 3). Die Anzahl der Werte je Phase, J^*, kann dabei unterschiedlich sein. Die *Normierung* (Schritt 4) der $\bar{d}_k$ gewährleistet, dass sich die vier Saisonkomponenten

$$s_k = \frac{\bar{d}_k}{\frac{1}{K}\sum_{k=1}^{K} \bar{d}_k}$$

zur Anzahl der Phasen (z. B. 4 bei Quartalen) summieren und keine Niveauverschiebung bei der Saisonbereinigung erfolgt. Für die Werte s_k gilt jetzt, dass $\sum_{k=1}^{K} s_k = K$ ist.

Für die Zeitreihe des preisbereinigten BIP ergeben sich für die Quartale die folgenden Saisonkomponenten: $s_1 = 0.99$, $s_2 = 0.994$, $s_3 = 1.018$, $s_4 = 0.998$. Im Mittel waren die BIP-Werte demnach im ersten Quartal um 1.2 % saisonbedingt zu niedrig. Werden die Ursprungswerte durch die Saisonkomponente der entsprechenden Phase (Quartal) dividiert (Schritt 5), erhalten wir die *saisonbereinigten Werte*

$$y^s_{jk} = \frac{1}{s_k} g_{jk}\, k_{jk}\, s_{jk}\, u_{jk} = g_{jk}\, k_{jk}\, u_{jk}$$

(wegen der Annahme $s_{jk} = s_k$). Zu beachten ist, dass die saisonbereinigten Werte in diesem vereinfachen Verfahren neben der glatten Komponente nicht nur die Restkomponente, sondern auch noch die Kalenderkomponente enthalten. Abbildung 12.6 zeigt die Ursprungswerte und die mittels des einfachen Periodogrammverfahrens ermittelten saisonbereinigten Werte. Abbildung 12.7 zeigt die Veränderung. R-12-6

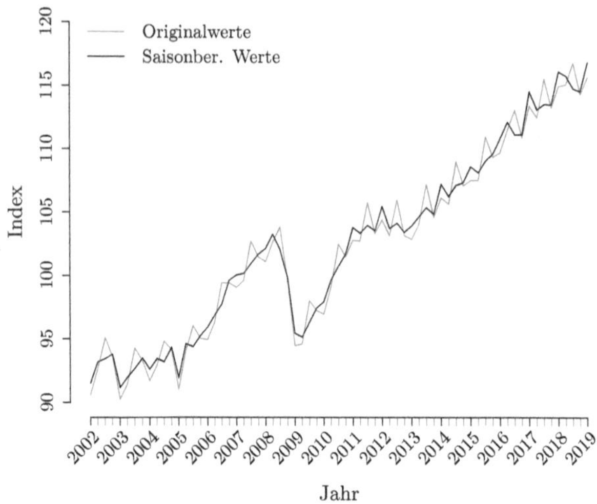

Abbildung 12.6: Ursprungswerte und die mittels des einfachen Periodogrammverfahrens ermittelten saisonbereinigten Werte.

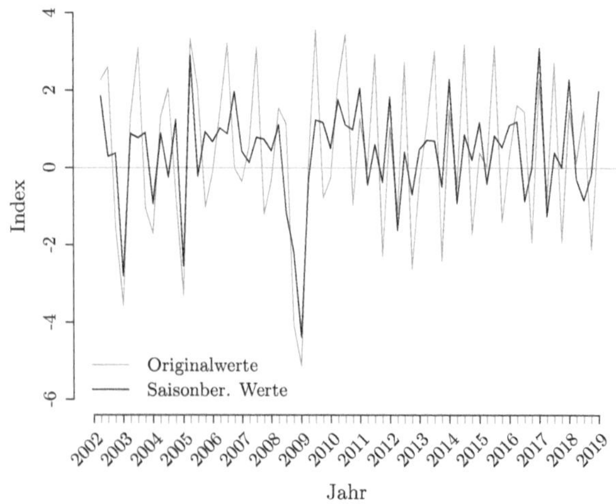

Abbildung 12.7: Veränderungsraten in Prozent der saisonbereinigten Werte.

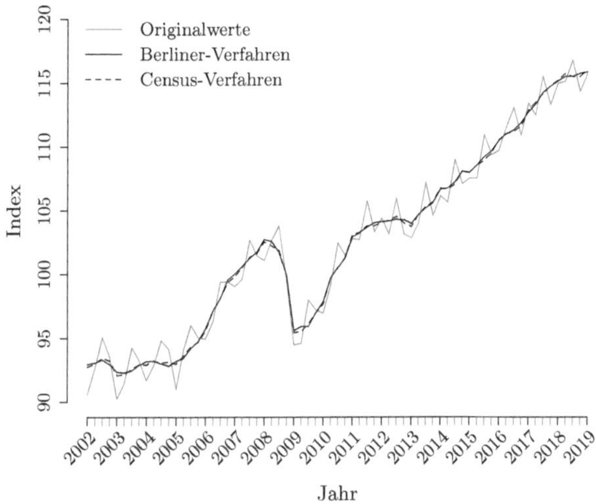

Abbildung 12.8: Originalwerte des preisbereinigten BIP und die beiden saisonbereinigten Zeitreihen.

12.4.2 Census- und Berliner Verfahren

Abschließend vergleichen wir die mit dem Census X-12-ARIMA-Verfahren und die mit dem Berliner-Verfahren BV4.1 ermittelten saisonbereinigten Werte. Abbildung 12.8 enthält neben den Originalwerten des preisbereinigten BIP die beiden saisonbereinigten Zeitreihen. In Abbildung 12.9 sind die Veränderungsraten dargestellt. Es lässt sich feststellen, dass die Veränderungsraten des mit dem Berliner-Verfahren saisonbereinigten BIP etwas weniger stark variieren. Dieser Befund deckt sich mit Ausführungen des Statistischen Bundesamtes: „Die Ergebnisse der beiden Verfahren unterscheiden sich vor allem dadurch, dass BV4.1 gegenüber Census X-12-ARIMA einen ruhigeren Trendverlauf, eine flexiblere Saisonkomponente, weniger irreguläre saison-bereinigte Werte und häufig geringere Restwerte ermittelt."[2] R-12-7

[2] Statistisches Bundesamt, Fachserie 18 Reihe 1.3, Volkswirtschaftliche Gesamtrechnungen, Inlandsproduktsberechnung, Saisonbereinigte Vierteljahresergebnisse nach Census X-12-ARIMA und BV4.1, 1. Vierteljahr 2019, Tabelle 1.4, Wiesbaden 2019.

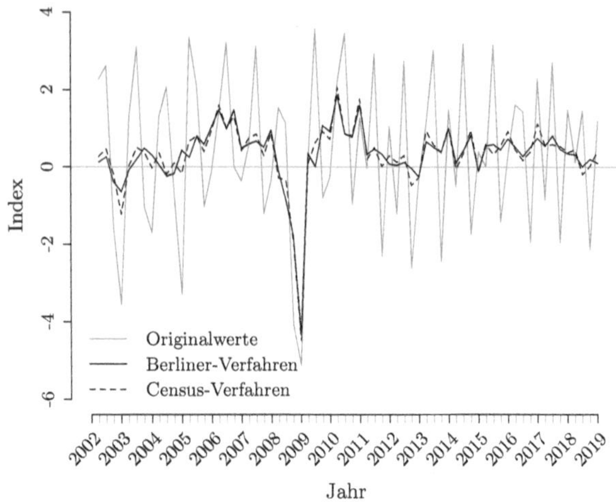

Abbildung 12.9: Originalwerte des preisbereinigten BIP und die beiden saisonbereinigten Zeitreihen (Veränderungsraten in Prozent).

12.5 Aufgaben

1. Folgende Tabelle enthält die nicht saisonbereinigten Werte (Ursprungswerte) der Zahl der gemeldeten offenen Stellen vom ersten Quartal 2010 bis zum vierten Quartal 2018 (Quartalsmittelwerte in 1000). In der Graphik ist die Zeitreihe graphisch dargestellt.[3]

Zahl der offenen Stellen (in Tsd.), 2010–2018

	1. Quart.	2. Quart.	3. Quart.	4.Quart.
2010	296.50	353.77	395.26	391.86
2011	411.62	470.25	497.00	486.28
2012	472.00	499.13	492.58	446.40
2013	443.70	458.65	470.73	454.82
2014	452.38	487.13	511.79	509.93
2015	515.37	560.19	594.93	604.48
2016	609.75	653.26	681.98	676.97
2017	671.19	717.05	762.91	771.05
2018	759.54	794.02	828.06	804.09

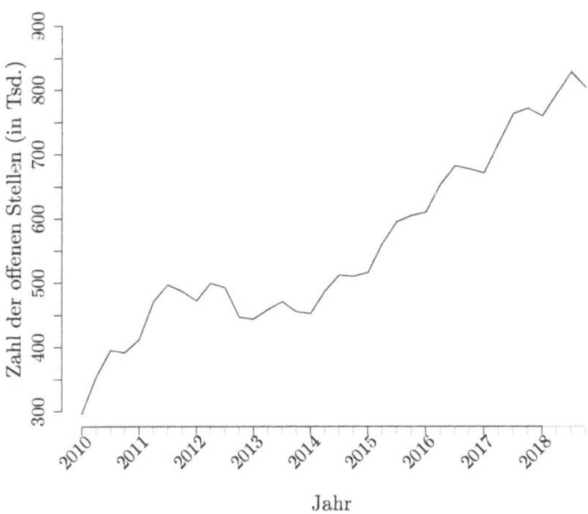

Ursprungswerte

[3]Bundesagentur für Arbeit, Arbeitsmarkt in Zahlen, Monats-/Jahreszahlen, Arbeitsstellen im Zeitverlauf, Mai 2019, Tabelle 1.1.

a) Beschreiben Sie verbal den Verlauf der Zeitreihe. Lässt sich eine wiederkehrende Saisonfigur erkennen? Ist die Saisonkomponente sehr stabil oder eher etwas unregelmäßig?

b) Folgende Tabelle enthält die gleitenden 4er-Mittel der Ursprungswerte aus obiger Tabelle. Ergänzen Sie die fehlenden Werte. Überlegen Sie dabei zunächst, für welche Quartale ausgehend von Ursprungswerten tatsächlich gleitende 4er-Mittel berechnet werden können.

Gleitendes 4er-Mittel.

	1. Quart.	2. Quart.	3. Quart.	4.Quart.
2010				
2011	429.97	454.49	473.84	484.99
2012	488.05	482.51	473.99	465.39
2013				
2014	471.40	483.42	498.18	515.19
2015	534.71	556.92	580.54	603.97
2016				
2017	696.91	718.79	741.59	762.26
2018	780.02	792.30		

c) Die nächste Tabelle enthält die relativen Trendabweichungen. Ergänzen Sie zunächst die fehlenden Werte. Ermitteln Sie anschließend die fehlenden Mittelwerte der relativen Trendabweichungen in den Quartalen. Die resultierenden Mittelwerte summieren sich nicht exakt zu dem Wert 4. Ermitteln Sie ausgehend von den Mittelwerten durch Normierung die fehlenden Saisonindexzahlen.

Trendabweichungen und Saisonindexzahlen.

	1. Quart.	2. Quart.	3. Quart.	4.Quart.
2010				
2011	0.9573	1.0347	1.0489	1.0027
2012	0.9671	1.0344	1.0392	0.9592
2013				
2014	0.9597	1.0077	1.0273	0.9898
2015	0.9638	1.0059	1.0248	1.0008
2016				
2017	0.9631			1.0115
2018		1.0022		
Mittelwert	0.9660	1.0124	1.0353	0.9897
Saisonindexzahlen	0.9629	0.9974	1.0285	1.0113

d) Folgende Tabelle enthält die nach dem Periodogrammverfahren saisonbereinigten Werte. Ergänzen Sie die fehlenden Werte.

Saisonbereinigte Werte.

	1. Quart.	2. Quart.	3. Quart.	4.Quart.
2010	307.93	354.69	384.31	387.49
2011	427.48		483.23	480.85
2012	490.18	500.43		441.42
2013	460.80	459.84	457.68	
2014	469.81	488.40	497.61	504.24
2015	535.23	561.65	578.45	597.72
2016		654.97	663.08	669.41
2017	697.05	718.92	741.77	762.44
2018	788.81	796.09	805.11	795.10

e) Vergleichen Sie für das vierte Quartal 2018 die Veränderungsrate gegenüber dem Vorquartal für die Ursprungswerte und für die saisonbereinigten Werte.

12.6 R-Code

R-12-1

```
## Daten einlesen
d <- read.csv2(file = "bip.csv")
head(d)
### Codes für Tabelle 1.2 aus Fachserie 18 Reihe 1.3
# j: Jahre; k: Quartal; bip: Zeitreihe BIP (Deutschland)
# Anzahl an Quartalen
n <- nrow(d)

## Abbildung: preisbereinigtes BIP
plot(x = 1:n, y = d$bip, type = "l", xaxt = "n",
     ylab = "Index", xlab = "Jahr")
# Achsen: Quartale und Jahre
axis(1, at = seq(from = 1, to = n, by = 1),
     labels = NA, col="darkgrey")
axis(1, at = seq(from = 1, to = n, by = 4),
     labels = 2002:2019, las = 2)
# Label für Quartale
pchv <- c(18,20,17,15)
for(i in 1:4) {
  points(x = (1:n)[d$k==i], y = d$bip[d$k==i], pch = pchv[i])
}
legend("topleft", pch = pchv, bty = "n",
       c("1. Quartal","2. Quartal","3. Quartal","4. Quartal"))

# Veränderungsrate
dbip <- d$bip[-1] / d$bip[-n]*100 - 100
# NA einfügen damit die Reihe die gleiche Länge wie vorher hat
dbip <- c(NA, dbip)
dbip

## Abbildung: Veränderungsrate
plot(x = 1:n, y = dbip, type = "l", xaxt = "n",
     ylab = expression(italic(w)), xlab = "Jahr")
# Achsen: Quartale und Jahre
axis(1, at = seq(from = 1, to = n, by = 1),
     labels = NA, col="darkgrey")
axis(1, at = seq(from = 1, to = n, by = 4),
     labels = 2002:2019, las = 2)
# Label für Quartale
pchv <- c(18,20,17,15)
for(i in 1:4) {
  points(x = (1:n)[d$k==i], y = dbip[d$k==i], pch = pchv[i])
}
legend("bottomright", pch = pchv, bty = "n", ncol = 2,
       c("1. Quartal","2. Quartal","3. Quartal","4. Quartal"))
abline(h = 0, col = "grey")
```

R-12-2

```
# Veränderungsraten des BIP (ohne NA)
dbip <- dbip[-1]
# korrespondierende Quartale
k <- d$k[-1]

# Funktion für empirische Standardabweichung erstellen
SdEmp <- function(x) {
  n <- length(x)
  var.emp <- (n-1)/n * var(x)
  sd.emp <- sqrt(var.emp)

  return(sd.emp)
}
# Funktion für mittlere absolute Abweichung (siehe Kapitel 4) erstellen
MAA <- function(x) {
  maa <- mean( abs(x-median(x)) )

  return(maa)
}

# Daten aus der Tabelle
tapply(X = dbip, INDEX = k, FUN = mean)
tapply(X = dbip, INDEX = k, FUN = median)
tapply(X = dbip, INDEX = k, FUN = SdEmp)
tapply(X = dbip, INDEX = k, FUN = MAA)
c(mean(dbip), median(dbip), SdEmp(dbip), MAA(dbip))
```

R-12-3

```
### Codes für Tabelle 1.2 aus Fachserie 18 Reihe 1.3
# x_bip: Saison- und kalenderbereinigte Werte
## Faktoren:
# x_t: Trend; x_k: Kalender; x_s: Saison; x_r: Rest

## vereinfachte Darstellung
# 1
plot(x = 1:n, y = d$x_t, ylab = "Index", xlab = "Jahr",
     main = "glatte Komponenten", type = "l", xaxt = "n")
axis(1, at = seq(from = 1, to = n, by = 4),
     labels = 2002:2019, las = 2)
# 2
plot(x = 1:n, y = d$x_s/100, ylab = "Index", xlab = "Jahr",
     main = "Saisonkomponenten", type = "l", xaxt = "n")
axis(1, at = seq(from = 1, to = n, by = 4),
     labels = 2002:2019, las = 2)
# 3
plot(x = 1:n, y = d$x_k/100, ylab = "Index", xlab = "Jahr",
     main = "Kalenderkomponente", type = "l", xaxt = "n")
axis(1, at = seq(from = 1, to = n, by = 4),
     labels = 2002:2019, las = 2)
```

```
# 4
plot(x = 1:n, y = d$x_r/100, ylab = "Index", xlab = "Jahr",
     main = "Restkomponente", type = "l", xaxt = "n")
axis(1, at = seq(from = 1, to = n, by = 4),
     labels = 2002:2019, las = 2)
```

R-12-4

```
# Trends
x <- 1:n
# lineare Trendfunktion
reg1 <- lm(d$bip ~ x)
# Polynom 13.-Grades
reg2 <- lm(d$bip ~ poly(x = x, degree = 13, raw = TRUE))

## vereinfachte Darstellung
# Originalwerte
plot(x = 1:n, y = d$bip, ylab = "Index", xlab = "Jahr",
     type = "l", xaxt = "n", col = "darkgray")
axis(1, at = seq(from = 1, to = n, by = 4),
     labels = 2002:2019, las = 2)
# Legende
legend("topleft", legend = c("Originalwerte", "Lineare Trendfkt.",
                             "Polynom 13.-Grades"), lty = c(1,2,1),
       lwd = c(1,1,1), col = c("darkgray",1,1), bty = "n")
# lineare Trendfunktion
lines(x = x, y = reg1$fitted, lty = 2)
# Polynom 13.-Grades
lines(x = x, y = reg2$fitted)
```

R-12-5

```
## gleitendes 4er-Mittel
lambda <- 4
l <- lambda / 2
x <- 1:n
n <- length(d$bip)

# Vektor für die Ergebnisse
g <- rep(x = NA, times = n)

# gerades Lambda -> zwei halbe Werte gehen mit ein
for (i in (l+1):(n-l)){
  g[i] <- 1/(2*l) * sum(c(0.5*d$bip[i-l],
                          d$bip[(i-l+1):(i+l-1)],
                          0.5*d$bip[i+l]))
}
g

## vereinfachte Darstellung
# Originalwerte
plot(x = 1:n, y = d$bip, ylab = "Index", xlab = "Jahr",
```

```
     type = "l", xaxt = "n", col = "darkgray")
axis(1, at = seq(from = 1, to = n, by = 4),
     labels = 2002:2019, las = 2)
# 4er-Mittel eintragen
lines(x = x, y = g, lty = 2)
```

R-12-6

```
# Periodogrammverfahren
## Schritt 1: 4er-Mittel aus dem Teil zuvor
g
## Schritt 2: Trendabweichungen
# (l+1):(n-l): Werte für die g berechnet werden konnte
# hier: l=2, die ersten und letzten beiden Werte fallen weg
a <- d$bip[(l+1):(n-l)] / g[(l+1):(n-l)]
a
## Schritt 3: mittlere relative Trendabweichungen der Phasen
k <- d$k[(l+1):(n-l)]
k
dq <- tapply(X = a, INDEX = k, FUN = mean)
dq
## Schritt 4: Normierung
s <- dq / mean(dq)
s
## Schritt 5: saisonbereinigten Werte
# normierte Werte an Ursprungsreihe anpassen
sv <- s[d$k]
sv
# saisonbereinigten Werte
sb <- d$bip / sv

## vereinfachte Darstellung
# Originalwerte
plot(x = 1:n, y = d$bip, ylab = "Index", xlab = "Jahr",
     type = "l", xaxt = "n", col = "darkgray")
axis(1, at = seq(from = 1, to = n, by = 4),
     labels = 2002:2019, las = 2)
# saisonbereinigte Werte eintragen
lines(x = x, y = sb)

# Veränderungsraten
dbip <- c(NA, (d$bip[-1] / d$bip[-n]*100 - 100))
dsb <- c(NA, (sb[-1] / sb[-n]*100 - 100))

## vereinfachte Darstellung
# Originalwerte
plot(x = 1:n, y = dbip, ylab = "Index", xlab = "Jahr",
     type = "l", xaxt = "n", col = "darkgray")
axis(1, at = seq(from = 1, to = n, by = 4),
     labels = 2002:2019, las = 2)
# saisonbereinigte Werte eintragen
lines(x = x, y = dsb)
```

R-12-7

```
## Originalwerte, ARIMA, BV
plot(x = 1:n, y = d$bip, ylab = "Index", xlab = "Jahr",
     type = "l", xaxt = "n", col = "darkgray")
axis(1, at = seq(from = 1, to = n, by = 4),
     labels = 2002:2019, las = 2)
# ARIMA
lines(x = x, y = d$x_bip, lty = 2)
# BV
lines(x = x, y = d$b_bip)

## Veränderung
# Veränderungsraten
dar <- c(NA, (d$x_bip[-1] / d$x_bip[-n]*100 - 100))
dbv <- c(NA, (d$b_bip[-1] / d$b_bip[-n]*100 - 100))
# Plot
plot(x = 1:n, y = dbip, ylab = "Index", xlab = "Jahr",
     type = "l", xaxt = "n", col = "darkgray")
axis(1, at = seq(from = 1, to = n, by = 4),
     labels = 2002:2019, las = 2)
# ARIMA
lines(x = x, y = dar, lty = 2)
# BV
lines(x = x, y = dbv)
```

Formelsammlung

Hinweise zu Summen

$$1+2+3+\ldots+n=\sum_{i=1}^{n} i=\frac{n(n+1)}{2}$$

$$1^2+2^2+3^2+\ldots+n^2=\sum_{i=1}^{n} i^2=\frac{n(n+1)(2n+1)}{6}$$

Kerndichteschätzung

Kernfunktion

$$K(u_i)=\begin{cases} 1-|u_i| & \text{falls } |u_i|\leq 1 \\ 0 & \text{sonst,} \end{cases} \qquad \text{mit} \quad u_i=\frac{x-x_i}{w}$$

Kerndichteschätzer

$$\hat{f}(x)=\frac{1}{nw}\sum_{i=1}^{n} K(u_i)=\frac{1}{nw}\sum_{i=1}^{n} K\left(\frac{x-x_i}{w}\right).$$

Spezielle Kernfunktionen

Kernfunktion	Definition
Rechteck-Kern	$K(u)=\begin{cases} 0.5 & \text{falls } \|u\|\leq 1, \\ 0 & \text{sonst} \end{cases}$
Dreieck-Kern	$K(u)=\begin{cases} 1-\|u\| & \text{falls } \|u\|\leq 1, \\ 0 & \text{sonst} \end{cases}$
Normal-Kern	$K(u)=\frac{1}{\sqrt{2\pi}}\mathrm{e}^{-0.5u^2}$
Epanechnikov-Kern	$K(u)=\begin{cases} \frac{3}{4}(1-u^2) & \text{falls } \|u\|\leq 1, \\ 0 & \text{sonst} \end{cases}$

Beschreibung von Häufigkeitsverteilungen

Quantil

$$Q(p) = F^{-1}(p) = \tilde{x}_p = \min\{x|F(x) \geq p\}$$

$$\tilde{x}_p = \begin{cases} x_{np} & \text{falls } np \text{ ganzzahlig,} \\ x_{[np]+1} & \text{sonst} \end{cases}$$

Arithmetisches Mittel

$$\bar{x} = \frac{1}{n}\sum_{i=1}^{n} x_i = \sum_{j=1}^{J} \tilde{x}_j\, f_j$$

Harmonisches Mittel

$$\bar{x}_{\mathrm{H}} = \frac{1}{\frac{1}{n}\sum\limits_{i=1}^{n}\frac{1}{x_i}} = \frac{1}{\sum\limits_{j=1}^{J}\frac{1}{\tilde{x}_j}f_j}$$

Geometrisches Mittel

$$\bar{x}_{\mathrm{G}} = \left(\prod_{i=1}^{n} x_i\right)^{\frac{1}{n}} = \prod_{j=1}^{J}\tilde{x}_j^{f_j}$$

Mittlere absolute Abweichung

$$\mathrm{MA} = \frac{1}{n}\sum_{i=1}^{n}|x_i - \bar{x}|$$

Varianz

$$\sigma^2 = \frac{1}{n}\sum_{i=1}^{n}(x_i - \bar{x})^2 = \frac{1}{n}\sum_{i=1}^{n}x_i^2 - \bar{x}^2 = \sum_{j=1}^{J}(\tilde{x}_j - \bar{x})^2 f_j$$

Standardabweichung

$$\sigma = \sqrt{\sigma^2}$$

Schiefe

$$\frac{\mu_3}{\sigma^3} = \frac{1}{n}\sum_{i=1}^{n}\left(\frac{x_i - \bar{x}}{\sigma}\right)^3 = \frac{\frac{1}{n}\sum\limits_{i=1}^{n}(x_i - \bar{x})^3}{\left(\sqrt{\frac{1}{n}\sum\limits_{i=1}^{n}(x_i - \bar{x})^2}\right)^3}$$

Wölbung

$$\frac{\mu_4}{\sigma^4} - 3 = \frac{1}{n}\sum_{i=1}^{n}\left(\frac{x_i - \bar{x}}{\sigma}\right)^4 - 3 = \frac{\frac{1}{n}\sum\limits_{i=1}^{n}(x_i - \bar{x})^4}{\left(\sqrt{\frac{1}{n}\sum\limits_{i=1}^{n}(x_i - \bar{x})^2}\right)^4} - 3$$

Approximation der Verteilungsfunktion bei klassierten Daten

$$F(x) \approx F(x^{\mathrm{u}}) + (x - x^{\mathrm{u}})\,\frac{F(x^{\mathrm{o}}) - F(x^{\mathrm{u}})}{x^{\mathrm{o}} - x^{\mathrm{u}}}$$

Konzentrationsmessung

Konzentrationsrate

$$CR_i = \sum_{r=1}^{i} h_r \qquad \text{mit} \quad h_r = \frac{x_r}{\sum\limits_{i=1}^{n} x_i} = \frac{x_r}{n\bar{x}} \quad r = 1, \ldots, n$$

Rosenbluth-Index

$$\mathrm{RK} = \frac{1}{2A} = \frac{1}{(2\sum\limits_{i=1}^{n} i h_i) - 1}$$

Hirschman-Herfindahl-Index

$$\mathrm{HK} = \sum_{i=1}^{n} h_i^2$$

Variationskoeffizient

$$\mathrm{VK} = \sigma / \bar{x}$$

Gini-Koeffizient

$$G = 1 - \sum_{j=1}^{J} f_j(H_{j-1} + H_j) \text{ (Klassierte Daten)}$$

$$G = \sum_{i=1}^{n} h_i \left(\frac{2i - n - 1}{n}\right) \text{ (Individualdaten)}$$

Vergleichsmaßzahlen

Normierte Strukturdifferenz

$$\text{NSD} = 0.5 \sum_{j=1}^{J} |a_j^{\text{m}} - a_j^{\text{w}}|$$

Euklidische Norm

$$\text{EN} = \sqrt{\sum_{j=1}^{J} (a_j^{\text{m}} - a_j^{\text{w}})^2}$$

Komponentenzerlegung (Niveau-, Struktur-, Mischeffekt)

$$\bar{l}^{\text{m}} - \bar{l}^{\text{w}} = \sum_{j=1}^{J} (\bar{l}_j^{\text{m}} - \bar{l}_j^{\text{w}}) a_j^{\text{m}} + \sum_{j=1}^{J} \bar{l}_j^{\text{m}} (a_j^{\text{m}} - a_j^{\text{w}})$$
$$- \sum_{j=1}^{J} (\bar{l}_j^{\text{m}} - \bar{l}_j^{\text{w}})(a_j^{\text{m}} - a_j^{\text{w}})$$

Preisindizes

Laspeyres-Preisindex

$$\text{P}_{t_0,t_1}^{\text{l}} = \frac{\sum_{j=1}^{n} q_{t_0 j} p_{t_1 j}}{\sum_{j=1}^{n} q_{t_0 j} \, p_{t_0 j}} = \frac{\boldsymbol{q}_{t_0}' \boldsymbol{p}_{t_1}}{\boldsymbol{q}_{t_0}' \boldsymbol{p}_{t_0}}$$

Paasche-Preisindex

$$\text{P}_{t_0,t_1}^{\text{p}} = \frac{\sum_{j=1}^{n} q_{t_1 j} p_{t_1 j}}{\sum_{j=1}^{n} q_{t_1 j} p_{t_0 j}} = \frac{\boldsymbol{q}_{t_1}' \boldsymbol{p}_{t_1}}{\boldsymbol{q}_{t_1}' \boldsymbol{p}_{t_0}}$$

Streuungszerlegung

$$\sigma_X^2 = \sum_{k=1}^{K} \sigma_{X|\tilde{y}_k}^2 \, \mathrm{P}(Y = \tilde{y}_k) + \sum_{k=1}^{K} (\bar{x}_k - \bar{x})^2 \, \mathrm{P}(Y = \tilde{y}_k)$$

Zusammenhangsmaße

Kovarianz

$$\sigma_{XY} = \frac{1}{n} \sum_{i=1}^{n} (x_i - \bar{x})(y_i - \bar{y}) = \frac{1}{n} \sum_{i=1}^{n} x_i y_i - \bar{x}\bar{y}$$

Linearer Korrelationskoeffizient

$$\mathrm{r}_{XY} = \frac{\sigma_{XY}}{\sigma_X \sigma_Y} = \frac{\frac{1}{n} \sum_{i=1}^{n} (x_i - \bar{x})(y_i - \bar{y})}{\sqrt{\frac{1}{n} \sum_{i=1}^{n} (x_i - \bar{x})^2} \sqrt{\frac{1}{n} \sum_{i=1}^{n} (y_i - \bar{y})^2}}$$

Rangkorrelationskoeffizient

$$\rho_{XY} = \frac{\frac{1}{n} \sum_{i=1}^{n} (\mathrm{r}_x(i) - \bar{\mathrm{r}}_x)(\mathrm{r}_y(i) - \bar{\mathrm{r}}_y)}{\sqrt{\frac{1}{n} \sum_{i=1}^{n} (\mathrm{r}_x(i) - \bar{\mathrm{r}}_x)^2} \sqrt{\frac{1}{n} \sum_{i=1}^{n} (\mathrm{r}_y(i) - \bar{\mathrm{r}}_y)^2}}$$

$$\bar{\mathrm{r}}_X = \frac{1}{n} \sum_{i=1}^{n} \mathrm{r}_x(i) = \frac{n+1}{2}$$

Rangkorrelationskoeffizient (keine Bindungen)

$$\rho_{XY} = 1 - \frac{6 \sum_{i=1}^{n} (\mathrm{r}_x(i) - \mathrm{r}_y(i))^2}{n\,(n^2 - 1)}.$$

Chi-Quadrat

$$\chi^2 = n \sum_{j=1}^{J} \sum_{k=1}^{K} \frac{\left(f_{jk} - f_{jk}^*\right)^2}{f_{jk}^*} \qquad \text{mit} \quad f_{jk}^* = f_{j\cdot} f_{\cdot k}$$

Kontingenzkoeffizient C

$$\mathrm{C} = \sqrt{\frac{\chi^2}{\chi^2 + n} \cdot \frac{\min\{J, K\}}{\min\{J, K\} - 1}}$$

Einfachregression

Regressionskoeffizienten

$$\hat{\beta} = \frac{\sum_{i=1}^{n} x_i\, y_i - n\,\bar{x}\,\bar{y}}{\sum_{i=1}^{n} x_i^2 - n\,\bar{x}^2} = \frac{\sigma_{XY}}{\sigma_X^2}, \qquad \hat{\alpha} = \bar{y} - \hat{\beta}\,\bar{x}$$

Bestimmtheitsmaß

$$R^2 = \frac{\sigma_{\hat{Y}}^2}{\sigma_Y^2} = 1 - \frac{\sigma_U^2}{\sigma_Y^2}$$

Multiple Regression

Bestimmungsgleichungen (zwei erklärende Variablen)

$$\hat{\beta}_0 = \bar{y} - \hat{\beta}_1\bar{x}_1 - \hat{\beta}_2\bar{x}_2$$

$$\begin{aligned}\hat{\beta}_1 &= \frac{\sum_{i=1}^{n} {x_{2i}^*}^2 \sum_{i=1}^{n} x_{1i}^* y_i^* - \sum_{i=1}^{n} x_{1i}^* x_{2i}^* \sum_{i=1}^{n} x_{2i}^* y_i^*}{\sum_{i=1}^{n} {x_{1i}^*}^2 \sum_{i=1}^{n} {x_{2i}^*}^2 - \left(\sum_{i=1}^{n} x_{1i}^* x_{2i}^*\right)^2} \\ &= \frac{\sigma_{x_2}^2 \sigma_{x_1 y} - \sigma_{x_1 x_2} \sigma_{x_2 y}}{\sigma_{x_1}^2 \sigma_{x_2}^2 - \sigma_{x_1 x_2}^2}\end{aligned}$$

$$\begin{aligned}\hat{\beta}_2 &= \frac{\sum_{i=1}^{n} {x_{1i}^*}^2 \sum_{i=1}^{n} x_{2i}^* y_i^* - \sum_{i=1}^{n} x_{1i}^* x_{2i}^* \sum_{i=1}^{n} x_{1i}^* y_i^*}{\sum_{i=1}^{n} {x_{1i}^*}^2 \sum_{i=1}^{n} {x_{2i}^*}^2 - \left(\sum_{i=1}^{n} x_{1i}^* x_{2i}^*\right)^2} \\ &= \frac{\sigma_{x_1}^2 \sigma_{x_2 y} - \sigma_{x_1 x_2} \sigma_{x_1 y}}{\sigma_{x_1}^2 \sigma_{x_2}^2 - \sigma_{x_1 x_2}^2}\end{aligned}$$

$$x_{1i}^* = x_{1i} - \bar{x}_1,\; x_{2i}^* = x_{2i} - \bar{x}_2,\; y_i^* = y_i - \bar{y}$$

Bestimmungsgleichung (allgemeiner Fall)

$$\hat{\boldsymbol{\beta}} = (\boldsymbol{X}'\boldsymbol{X})^{-1}\boldsymbol{X}'\boldsymbol{y}$$

Zeitreihenanalyse

Zeitreihen-Komponenten-Modelle

$$y_i = g_i + k_i + s_i + u_i \qquad \text{(additives Modell)}$$

$$y_i = g_i \, k_i \, s_i \, u_i \qquad \text{(multiplikatives Modell)}$$

Gleitende Durchschnitte

$$g_i = \frac{1}{2l+1}(y_{i-l} + \ldots + y_i + \ldots + y_{i+l}) \qquad (\lambda = 2l + 1 \text{ ungerade})$$

$$g_i = \frac{1}{2l}(0.5y_{i-l} + \ldots + y_i + \ldots + 0.5y_{i+l}) \qquad (\lambda = 2l \text{ gerade})$$

Trendbereinigung

$$d_{jk} = y_{jk}/g_{jk} = k_{jk} \, s_{jk} \, u_{jk}$$

Phasenmittel

$$\bar{d}_k = \frac{1}{J^*} \sum_{j=1}^{J^*} d_{jk}$$

Normierung

$$s_k = \frac{\bar{d}_k}{\frac{1}{K} \sum_{k=1}^{K} \bar{d}_k}$$

Probeklausuren

Klausur 1

X:	1	6	6	6	6	6	9	20
Y:	2	3	4	5	6	7	8	9

1. [**20 Punkte**] Betrachten Sie die in der obigen Tabelle angegeben Werte und ermitteln Sie

a) [**2**] das arithmetische Mittel $\bar{x}$.

b) [**2**] den Quantilswert $\tilde{x}_{0.7}$.

c) [**3**] die Standardabweichung σ_X.

d) [**4**] die Kovarianz σ_{XY}.

e) [**9**] den Rangkorrelationskoeffizienten ρ_{XY}.

2. [**20 Punkte**] Die nachfolgenden Tabellen enthalten die unbereinigten Werte des Bruttoinlandsprodukts des Zeitraums 2011 (1. Quartal) bis 2014 (3. Quartal). Ermitteln Sie den saisonbereinigten Wert für das 3. Quartal 2014 nach dem Periodogrammverfahren. Gehen Sie dabei von einem multiplikativen Modell aus, verwenden Sie ein gleitendes 4er-Mittel für die Ermittlung der Trendwerte und verzichten Sie zur Vereinfachung auf die Normierung.

Jahr	2011				2012			
Quartal	1	2	3	4	1	2	3	4
BIP	661.86	664.75	688.24	684.25	680.68	675.68	699.39	694.15

Jahr	2013				2014		
Quartal	1	2	3	4	1	2	3
BIP	682.42	694.31	718.47	714.28	714.05	714.75	739.96

3. [**20**] Regression

a) [**15**] Gehen Sie von folgender linearen Regressionsfunktion aus

$$y_i = \beta_0 + \beta_1 x_i + u_i$$

und leiten Sie folgenden Bestimmungsgleichungen für die Parameter $\hat{\beta}_0$ und $\hat{\beta}_1$ nach der Methode der kleinsten Quadrate her.

b) [**5**] Wie lauten ihre numerischen Schätzwerte $\hat{\beta}_0$ und $\hat{\beta}_1$ für die beiden Parameter β_0 und β_1 (Werte aus obiger Tabelle am Anfang der Klausur (X/Y))?

4. [20 Punkte] Gini-Koeffizient

a) [**10**] Leiten Sie die nachfolgende Berechnungsvorschrift des Gini-Koeffizienten für klassifizierte Daten unter Zuhilfenahme einer kleinen Skizze her.

$$\mathrm{G} = 1 - \sum_{j=1}^{J} f_j(H_{j-1} + H_j)$$

b) [**10**] Ermitteln Sie den Gini-Koeffizienten der statistischen Variable X.

n_j	$\bar{x}_j$
11	1
7	2
3	5

5. [**20 Punkte**] Die nachfolgende Tabelle enthält die Preise und die Mengen von 4 Gütern zu zwei verschiedenen Zeitpunkten:

j	1		2		3		4	
Preis/Menge	p	q	p	q	p	q	p	q
$t = 0$	1.05	4	2.11	6	3.40	8	4.10	10
$t = 1$	1.07	5	2.14	7	3.50	9	4.80	11

Berechnen Sie

a) [**6**] das mit den relativen Ausgaben der Periode $t = 0$ gewichtete arithmetische Mittel der Preismesszahlen p_{j1}/p_{j0}.

b) [**6**] das mit den relativen Ausgaben der Periode $t = 1$ gewichtete harmonische Mittel der Preismesszahlen p_{j1}/p_{j0}.

c) [**4**] Berechnen Sie $P^{f}_{t_0 t_1}$. $P^{f}_{t_0 t_1}$ ist ein von Fisher vorgeschlagener Preisindex, der sich als geometrisches Mittel aus den beiden Preisindizes von Paasche und Laspeyres ergibt.

d) [**4**] Wie heißt die unter b) berechnete Maßzahl? Nehmen Sie an, Sie haben nach diesem Konzept die Preissteigerung von Periode 1 gegenüber Periode 0 und von Periode 2 gegenüber Periode 1 ermittelt. Können Sie hieraus auch die isolierte Preisveränderung von Periode 2 gegenüber Periode 0 ermitteln?

Klausur 2

1. [**20 Punkte**] Gegeben sind die folgenden Merkmalswerte $x_1 = 5$, $x_2 = 7$, $x_3 = 8$, $x_4 = 24$.

Ermitteln Sie

a) [**3**] das arithmetische Mittel.

b) [**2**] den Zentralwert.

c) [**3**] die Standardabweichung.

d) [**7**] das Schiefemaß zum arithmetischen Mittel. Warum deutet das berechnete Schiefemaß auf eine rechtsschiefe Verteilung hin?

e) [**5**] Nehmen Sie nun an, die vier Werte geben den Wert einer Variable zu vier aufeinanderfolgenden Zeitpunkten an. Ermitteln Sie die mittlere Wachstumsrate von X.

2. [**20 Punkte**] Preisindizes

a) [**8**] Gängige Preisindizes werden nicht als ungewichtete, sondern als gewichtete Mittelwerte von Preismeßzahlen berechnet. Warum? Wie werden die Gewichte ermittelt?

b) [**8**] Für die beiden Perioden 0 und 1 wurden für drei Güter $j = 1, 2, 3$ die folgenden Preise (p) und Mengen (q) ermittelt. Berechnen Sie die mittlere Preisveränderung mit Hilfe des Laspeyres- und mit Hilfe des Paasche-Preisindex.

	$t = 0$		$t = 1$	
j	p	q	p	q
1	3.4	6	3.7	7
2	1.2	5	1.1	6
3	5.6	4	6.2	2

c) [**4**] Dass der Preisindex nach Laspeyres über dem Preisindex nach Paasche liegt ist nicht unüblich. Warum?

3. **[20 Punkte]** Leiten Sie die nachfolgende Berechnungsvorschrift des Gini-Koeffizienten unter Zuhilfenahme einer kleinen Skizze her.

$$\mathrm{G} = \sum_{i=1}^{n} h_i \left(\frac{2i - n - 1}{n}\right)$$

4. **[20 Punkte]** Zeigen Sie, dass folgender Zusammenhang (Streuungszerlegung) gilt:

$$\begin{aligned}\sigma_X^2 &= \sum_{j=1}^{J} (\tilde{x}_j - \bar{x})^2 \; \mathrm{P}(X = \tilde{x}_j) \\ &= \sum_{k=1}^{K} \sigma^2_{X|\tilde{y}_k} \; \mathrm{P}(Y = \tilde{y}_k) + \sum_{k=1}^{K} (\bar{x}_k - \bar{x})^2 \; \mathrm{P}(Y = \tilde{y}_k)\end{aligned}$$

Hilfe: $x_{ji} - \bar{x} = x_{ji} - \bar{x}_j + \bar{x}_j - \bar{x}$

5. **[20 Punkte]** Die nachfolgende Tabelle enthält Informationen über die Einkommensverteilung von 509 Erwerbstätigen in Ostdeutschland im Jahr 2018 (in Euro).

	n	$\bar{x}$	σ^2
(0,1000]	79	782.532	46590.654
(1000,2500]	335	1641.693	164873.192
(2500,5000]	85	3277.200	439627.736
(5,20000]	10	7725.000	7480625.000

a) **[5]** Zeigen Sie, dass Sie ausgehend von den Angaben in der Tabelle das arithmetische Mittel exakt berechnen können.

b) **[4]** Warum können Sie auch die Varianz exakt berechnen?

c) **[4]** Ermitteln Sie das arithmetische Mittel des Einkommens.

d) **[7]** Ermitteln Sie die Standardabweichung des Einkommens.

6. [**20 Punkte**] Gehen Sie von folgender Konsumfunktion (c sei der Konsum, y sei das Einkommen) aus

$$c_i = e^{\alpha} y_i^{\beta} e^{u}$$

a) [**3**] Gelingt Ihnen eine Linearisierung dieser Funktion?

b) [**3**] Wie könnten Sie Schätzwerte der Parameter α und β ermitteln? (Eine Berechnung ist nicht notwendig.)

c) [**2**] Als Schätzwerte resultieren für die untenstehenden Werte $\hat{\alpha} = 0.915$, $\hat{\beta} = 0.818$. Welche Konsumausgaben würden Sie bei einem Einkommen von 4000 Euro vermuten?

d) [**10**] Ermitteln Sie ausgehend von den Beobachtungen von drei Personen numerische Werte für die Parameter δ und ϕ der folgenden einfachen linearen Konsumfunktion:

$$c_i = \delta + \phi y_i + u_i$$

Konsumausgaben in €	Einkommen in €
400	500
1800	3000
2500	4800

e) [**2**] Welche Konsumausgaben würden Sie ausgehend von der einfachen linearen Konsumfunktion bei einem Einkommen von 4000 Euro vermuten?

Klausur 3

1. [**20 Punkte**] Kerndichte

a) [**14**] Gehen Sie von den fünf Merkmalswerten $x_1 = 0.5$, $x_2 = 1.8$, $x_3 = 2.2$, $x_4 = 2.8$, $x_5 = 3.8$ aus und berechnen Sie für eine Bandweite $w = 1.5$ an der Stützstelle $x = 2.2$ unter Verwendung eines Dreieck-Kerns einen Schätzwert der Dichte.

b) [**6**] Welcher Schätzwert der Dichte an der Stelle $x = 2.2$ resultiert bei einem Histogramm mit den Klassengrenzen $0, 1, 2, 3.5, 5$?

2. [**20 Punkte**] Preisindizes

Nehmen Sie an, Sie hätten im Jahr 2018 für 250 Euro Brot zu 2.50 Euro je Laib, für 1500 Euro Schnaps für 15 Euro je Flasche und für 500 Euro Zigaretten für 5 Euro je Päckchen gekauft. Im Jahr 2019 haben Sie 90 Brote zu 3 Euro je Laib, für 2160 Euro 120 Flaschen Schnaps und für 660 Euro Zigaretten zu 6 Euro die Packung gekauft.

a) [**6**] Wie haben sich die einzelnen Preise der drei Güter von 2018 auf 2019 verändert?

b) [**2**] Wie viel Prozent Ihrer gesamten Ausgaben entfielen in 2018 auf Schnaps?

c) [**2**] Wie viel Prozent Ihrer gesamten Ausgaben entfielen in 2019 auf Zigaretten?

d) [**6**] Sie möchten berechnen, wie sich für Sie insgesamt die Preise von 2018 auf 2019 verändert haben. Welche Formel schlagen Sie hierfür vor? Begründen Sie Ihre Wahl.

e) [**4**] Ermitteln Sie die Preisveränderung von 2018 auf 2019 mit der von Ihnen vorgeschlagenen Methode.

3. [**20 Punkte**] Varianzzerlegung

a) [**14**] Zeigen Sie, dass folgende Umformung gilt:

$$\sigma_Y^2 = \frac{1}{n}\sum_{i=1}^{n}(y_i - \bar{y})^2 = \frac{1}{n}\sum_{i=1}^{n}(y_i - \hat{y}_i)^2 + \frac{1}{n}\sum_{i=1}^{n}(\hat{y}_i - \bar{y})^2$$

b) [**6**] Was messen die beiden Varianzkomponenten?

4. [**20 Punkte**] Zeitreihenanalyse

Die nachfolgene Tabelle enthält die vierteljährlichen Werte des Bruttoinlandsprodukts (preisbereinigt, verkettet, 2015 = 100).

	2015	2016	2017	2018	2019
1. Quartal	98.03	99.97	103.58	105.28	106.24
2. Quartal	98.51	102.14	103.17	105.75	105.69
3. Quartal	101.06	102.96	105.54	106.69	107.76
4. Quartal	102.4	103.85	106.71	107.66	

a) [**4**] Ermitteln Sie die Veränderungsraten des Bruttoinlandsprodukts des zweiten und dritten Quartals in 2019 gegenüber dem jeweiligen Vorquartal in Prozent.

b) [**2**] Lässt sich aus dem Vergleich auf eine Verbesserung der aktuellen konjunkturellen Situation schließen? Begründen Sie Ihre Antwort.

c) [**7**] Ermitteln Sie ausgehend vom multiplikativen Komponentenmodell den saisonbereinigten Wert für das aktuellste Quartal. Verwenden Sie dabei zur Berechnung der Trendwerte ein gleitendes 4er-Mittel und verzichten Sie auf eine Normierung der Phasenmittel.

Die folgende Tabelle enthält die gleitenden Vierermittel:

	2015	2016	2017	2018	2019
1. Quartal		101.63	103.71	105.96	106.7
2. Quartal		102.05	104.39	106.23	
3. Quartal	100.24	102.68	104.96	106.47	
4. Quartal	100.94	103.26	105.5	106.58	

d) [**4**] Die auf die gleiche Weise saisonbereinigten Werte lauten für das erste Quartal 2019 106.70 und für das zweite Quartal 106.23. Berechnen Sie für die beiden aktuellen Quartale die prozentualen Veränderungen gegenüber dem Vorquartal auf Basis saisonbereinigter Werte.

e) [**3**] Wie beurteilen Sie die aktuelle konjunkturelle Entwicklung?

Klausur 4

1. **[20]** Gehen Sie von den folgenden fünf Merkmalswerten aus: $x_1 = 2$, $x_2 = 3$, $x_3 = 7$, $x_4 = 18$, $x_5 = 30$ und berechnen Sie

   a) **[2]** das arithmetische Mittel $\bar{x}$.

   b) **[2]** den Quantilswert $\tilde{x}_{0.3}$.

   c) **[3]** die mittlere absolute Abweichung (MA).

   d) **[3]** die Standardabweichung σ_X.

   e) **[6]** Zeigen Sie, wie sich die Standardabweichung verändert, wenn alle Merkmalswerte mit dem Faktor c multipliziert werden.

   f) **[4]** Wie lautet die Standardabweichung, wenn alle Merkmalswerte mit dem Faktor $c = -2$ multipliziert werden?

2. **[20]** Konzentrationsmessung

   Gehen Sie von den Merkmalswerten in Aufgabe 1 aus, die nun Umsätze von Unternehmen darstellen.

   a) **[3]** Berechnen Sie den Rosenbluth-Koeffizienten.

   b) **[3]** Berechnen Sie den Herfindahl-Index.

   c) **[4]** Welchen Wert nimmt der Herfindahl-Index an, wenn sich der Umsatz jedes Unternehmens um 3.14159% erhöht?

   d) **[7]** Leiten Sie die Grenzen des Herfindahl-Koeffizienten für die beiden extremen Fälle minimaler und maximaler Konzentration her.

   e) **[3]** Welchen Wert nimmt der Herfindahl-Index *ungefähr* an, wenn sich der Umsatz jedes Unternehmens um 27913 erhöht? (Eine genaue Berechnung ist nicht notwendig.)

3. [**20**] Streuungszerlegung

Zeigen Sie, dass folgende Umformung gilt:

$$\sigma_X^2 = \sum_{j=1}^{J} (\tilde{x}_j - \bar{x})^2 P(X = \tilde{x}_j)$$
$$= \sum_{k=1}^{K} \sigma_{X|\tilde{y}}^2 P(Y = \tilde{y}_k) + \sum_{k=1}^{K} (\bar{x}_k - \bar{x})^2 P(Y = \tilde{y}_k)$$

4. [**20**] Bedingte Häufigkeiten, Chi-Quadrat, Kontingenzkoeffizient

Die nachfolgende Tabelle enthält die absoluten Häufigkeiten der gemeinsamen Verteilung der beiden binären Variablen X und Y.

	$Y = 0$	$Y = 1$
$X = 0$	5	14
$X = 1$	28	3

a) [**4**] Berechnen Sie $P(X = 1|Y = 0)$ und $P(X = 0|Y = 1)$.

b) [**4**] Ermitteln Sie die relativen Häufigkeiten der gemeinsamen Verteilung und die hypothetischen Häufigkeiten im Fall der Unabhängigkeit.

c) [**2**] Berechnen Sie für alle vier Tabellenfelder die Differenzen von bebachteten und hypothetischen Häufigkeiten im Fall der Unabhängigkeit.

d) [**2**] Berechnen Sie für alle vier Tabellenfelder die Differenzen von bebachteten und hypothetischen Häufigkeiten relativ zu den hypothetischen Häufigkeiten im Fall der Unabhängigkeit.

e) [**2**] Berechnen Sie für alle vier Tabellenfelder die Produkte der Differenzen und der relativen Differenzen.

f) [**2**] Berechnen Sie χ^2.

g) [**4**] Berechnen Sie den Kontingenzkoeffizienten und beurteilen Sie die Stärke des Zusammenhangs (mit einem Satz der Begründung).

Klausur 5

1. [**20 Punkte**] Klassierte Daten

Klasse	v.	b. u.	abs. Häuf.	arithm. Mittel	Standardabw.
$\tilde{x}_1^*$	0	50	280	30	15
$\tilde{x}_2^*$	50	250	550	120	50
$\tilde{x}_3^*$	250	500	170	320	40

a) [**4**] Berechnen Sie das arithmetische Mittel.

b) [**4**] Zeigen Sie formal, dass sich hier das arithmetische Mittel exakt berechnen lässt.

c) [**12**] Berechnen Sie die Varianz.

2. [**20 Punkte**] Varianz, Kovarianz, Korrelation

Gehen Sie von den folgenden drei Wertepaaren aus: $x_1, y_1 = (1, 1)$, $x_2, y_2 = (2, 5)$, $x_3, y_3 = (7, 14)$.

a) [**3**] Berechnen Sie σ_X^2.

b) [**3**] Berechnen Sie σ_Y^2.

c) [**3**] Berechnen Sie σ_{XY}.

d) [**3**] Berechnen Sie den Korrelationskoeffizienten r_{XY}.

e) [**6**] Wie lautet $\sigma_{X^*}^2$ mit $X^* = a + bX$?

f) [**2**] Ermitteln Sie $\sigma_{X^*}^2$ numerisch für $a = -2$ und $b = 3$.

3. [**20 Punkte**] Bedingte Häufigkeiten, Chi-Quadrat, Kontingenzkoeffizient

Die nachfolgende Tabelle enthält die absoluten Häufigkeiten der gemeinsamen Verteilung der beiden binären Variablen X und Y.

	$Y = 0$	$Y = 1$
$X = 0$	30	2
$X = 1$	6	12

a) **[4]** Berechnen Sie $P(X = 1|Y = 0)$ und $P(Y = 0|X = 0)$.

b) **[2]** Ermitteln Sie die relativen Häufigkeiten der gemeinsamen Verteilung.

c) **[4]** Ermitteln Sie die hypothetischen Häufigkeiten im Fall der Unabhängigkeit.

d) **[8]** Berechnen Sie χ^2.

e) **[2]** Berechnen Sie den Kontingenzkoeffizienten.

4. [20 Punkte] Zeitreihenanalyse

Die nachfolgende Tabelle enthält die unbereinigten Quartalszahlen des Bruttoinlandsprodukts in jeweiligen Preisen in Milliarden Euro:

	1. Quart.	2. Quart.	3. Quart.	4. Quart.
2018	824	834	843	867
2019	853	852	877	892
2020	860	774	853	880
2021	847	863	914	

a) **[2]** Berechnen Sie am aktuellen Rand die prozentuale Veränderung gegenüber dem Vorquartal.

b) **[2]** Warum ist diese prozentuale Veränderung für die Beurteilung der aktuellen Entwicklung nicht aussagekräftig?

c) **[4]** Berechnen Sie das aktuellste mögliche gleitende 4er-Mittel.

d) **[2]** Warum ist das 4er-Mittel nicht zur Beurteilung der aktuellen Entwicklung geeignet?

e) **[2]** Berechnen Sie die prozentuale Veränderung des aktuellsten Wertes gegenüber dem Vorjahreswert des gleichen Quartals.

f) [**2**] Erscheint Ihnen dieser Wert zur Beurteilung der aktuellen Entwicklung geeignet?
Die mit dem Verfahren X13 saisonbereinigten Werte für das zweite und dritte Quartal des Jahres 2021 lauten 873 und 909.

g) [**3**] Wie beurteilen Sie die aktuelle Entwicklung?

h) [**3**] Was können Sie aus diesen Werten über die Saisonkomponente schließen?

Klausur 6

1. [**20 Punkte**] Maßzahlen für Häufigkeitsverteilungen

Gehen Sie von den folgenden Merkmalswerten aus: $x_1 = 0$, $x_2 = 1$, $x_3 = 1$, $x_4 = 8$.

a) [**2**] Berechnen Sie das arithmetische Mittel.

b) [**2**] Berechnen Sie den Median.

c) [**2**] Berechnen Sie den Modus.

d) [**4**] Berechnen Sie die Varianz.

e) [**4**] Berechnen Sie eine Maßzahl der Schiefe.

f) [**6**] Handelt es sich um eine rechts- oder linksschiefe Verteilung? Begründen Sie ihre Aussage.

2. [**20 Punkte**] Varianz, Kovarianz, Korrelation und Regression

Gehen Sie von den folgenden drei Wertepaaren aus:
$x_1, y_1 = (1, 1)$, $x_2, y_2 = (1, 5)$, $x_3, y_3 = (8, 14)$

a) [**3**] Berechnen Sie σ_X^2.

b) [**3**] Berechnen Sie σ_Y^2.

c) [**3**] Berechnen Sie σ_{XY}.

d) [**3**] Berechnen Sie den Korrelationskoeffizienten r_{XY}.

e) [**8**] Berechnen Sie die den Achsenabschnitt und den Steigungsparameter einer nach der Methode der kleinsten Quadrate angepassten Regressionsgeraden.

3. [**20 Punkte**] Streuungszerlegung

Gehen Sie von folgender Streuungszerlegung

$$\sigma_X^2 = \sum_{k=1}^{K} \sigma_{X|\tilde{y}}^2 P(Y = \tilde{y}_k) + \sum_{k=1}^{K} (\bar{x}_k - \bar{x})^2 P(Y = \tilde{y}_k)$$

und den folgenden vier Wertepaaren $x_1, y_1 = (1,1)$, $x_2, y_2 = (3,1)$, $x_3, y_3 = (5,2)$, $x_4, y_4 = (15,2)$ aus.

a) [**4**] Berechnen Sie $\sigma^2_{X\,|\,\tilde{y}=1}$ und $\sigma^2_{X\,|\,\tilde{y}=2}$.

b) [**2**] Berechnen Sie $P(Y = \tilde{y}_1)$ und $P(Y = \tilde{y}_{2k})$.

c) [**3**] Berechnen Sie $\sum_{k=1}^{K} \sigma^2_{X\,|\,\tilde{y}} P(Y = \tilde{y}_k)$. Wie heißt diese Streuungskomponente?

d) [**4**] Berechnen Sie $(\bar{x}_1 - \bar{x})^2$ und $(\bar{x}_2 - \bar{x})^2$.

e) [**3**] Berechnen Sie $\sum_{k=1}^{K} (\bar{x}_k - \bar{x})^2 P(Y = \tilde{y}_k)$. Wie heißt diese Streuungskomponente?

f) [**4**] Ermitteln Sie den Anteil der externen Streuung an der Gesamtstreuung.

4. [**20 Punkte**] Zeitreihenanalyse

Die nachfolgende Tabelle enthält die unbereinigten Quartalszahlen des Bruttoinlandsprodukts in jeweiligen Preisen in Milliarden Euro:

	1. Quart.	2. Quart.	3. Quart.	4. Quart.
2018	824	834	843	867
2019	853	852	877	892
2020	860	774	853	880
2021	847	863	914	

Ermitteln Sie
- ausgehend von dem multiplikativen Modell
- unter Verwendung eines gleitenden 4-er Mittels zur Ermittlung der Trendwerte und
- unter Verzicht auf eine Normierung der mittleren Trendabweichung
- einen saisonbereinigten Wert für das 3. Quartal 2021.

Lösungshinweise

Kapitel 1

1. a) 14 b) 28 c) 72 d) 1728 e) 25,396

2. a) −1180 b) 81,535 c) 44,360

3. a) 20 b) 22 c) 22 d) 55 e) 24

4. a) Querschnittserhebung: Einheiten werden einmalig an einem Zeitpunkt befragt. Panelerhebung: Gleiche Einheiten werden an mehreren Zeitpunkten befragt.

b) Stichprobe aus Einwohnermelderegistern.

c) Die Ziehungswahrscheinlichkeiten in West- und Ostdeutschland unterscheiden sich, mit einer deutlich höheren Ziehungswahrscheinlichkeit für in Ostdeutschland lebende Personen.

d) Der ALLBUS liefert Informationen über verschiedene soziodemographische Aspekte.

e) In 2018 waren u.a. die Bereiche Wirtschaft, Mediennutzung, Politik, Soziale Ungleichheit und soziales Kapital, Nationalstolz und Rechtsextremismus und Einstellungen zur Wiedervereinigung Schwerpunkte.

5. Geschlecht: nominal, Beruf: nominal, Warengruppe: nominal, Immobilienbesitz: nominal, Bonität: ordinal (Risikoklassen) oder metrisch (‚Ausfallwahrscheinlichkeit'), Einkommen: metrisch, Vermögen: metrisch.

6.

j	$\tilde{x}_j$	n_j	f_j
1	1	5	5/15
2	2	2	2/15
3	4	4	4/15
4	5	3	3/15
5	6	1	1/15

7.

Klasse	von	bis unter	abs. Häuf.	rel. Häuf.
$\tilde{x}_1^*$	0	500	22	0.018
$\tilde{x}_2^*$	500	1000	142	0.115
$\tilde{x}_3^*$	1000	1500	183	0.148
$\tilde{x}_4^*$	1500	2500	454	0.367
$\tilde{x}_5^*$	2500	5000	369	0.298
$\tilde{x}_6^*$	5000	20000	68	0.055

Kapitel 2

1. **Histogramm:**

   In den Klassen wird eine gleiche Verteilung (gleiche Dichte) über das gesamte Intervall unterstellt. Dies ist meist unplausibel.

   An den Intervallgrenzen macht die geschätzte Dichte einen Sprung. Dies ist meist unplausibel.

   Das Erscheinungsbild der Verteilung hängt stark von der genauen Lage der Klassengrenzen und von der Anzahl der gebildeten Klassen ab.

   Die Berechnung ist einfacher als bei einer Kerndichteschätzung.

Kerndichteschätzung:

Die Schätzung hängt von der Wahl der Kernfunktion und der gewählten Bandweite ab.

Bessere Darstellungsweise bei stetigen Variablen.

2.

i	x_i	u_i	$K(u_i)^R$	$K(u_i)^R/(nw)$
1	1	1.167	0.000	0.000
2	5	-0.167	0.500	0.033
3	6	-0.500	0.500	0.033
4	6	-0.500	0.500	0.033
5	8	-1.167	0.000	0.000
Summe				0.099

3. a)–b) (D: Dreieck-Kern, N: Normalkern)

i	x_i	u_i	$K(u_i)^D$	$K(u_i)^N$	$K(u_i)^D/(nw)$	$K(u_i)^N/(nw)$
1	1	1.167	0.000	0.202	0.000	0.013
2	5	-0.167	0.833	0.393	0.056	0.026
3	6	-0.500	0.500	0.352	0.033	0.023
4	6	-0.500	0.500	0.352	0.033	0.023
5	8	-1.167	0.000	0.202	0.000	0.013
Summe					0.122	0.098

4. a)

i	x_i	u_i	$K(u_i)$	$K(u_i)/(nw)$
1	1	1.400	0.000	0.000
2	5	-0.200	0.800	0.064
3	6	-0.600	0.400	0.032
4	6	-0.600	0.400	0.032
5	8	-1.400	0.000	0.000
Summe				0.128

b)

i	x_i	u_i	$K(u_i)$	$K(u_i)/(nw)$
1	1	1.000	0.000	0.000
2	5	-0.143	0.857	0.049
3	6	-0.429	0.571	0.033
4	6	-0.429	0.571	0.033
5	8	-1.000	0.000	0.000
Summe				0.115

Kapitel 3

1. a) $D = 3$
b) $\tilde{x}_{0.5} = 3$
c) $\bar{x} = 3.75$
d) $H = 2.8141$
e) $G = 3.330$
f) $\sigma^2 = 2.688$
g) $\sigma = 1.639$
h) $\bar{d} = 1.25$
i) $g = 0.404$
j) $k = -0.021$

k) a) Verändert sich nicht
b) Verändert sich nicht
c) Wird deutlich größer
d) Wird etwas größer
e) Wird etwas größer
f) Nimmt extrem zu
g) Nimmt extrem zu
h) Nimmt deutlich zu
i) Nimmt extrem zu
j) Nimmt extrem zu

l) a) 3
b) 3
c) 6.25
d) 2.923
e) 3.942
f) 62.688
g) 7.918
h) 5.188
i) 2.181
j) 2.933

2. a) 10.2 km/Std. b) 9.9 km/Std. c) 8.4 %

3. a) v.: von; b.u.: bis unter

b) Die dichteste Klasse ist die 4-te Klasse. Als Näherung kann die Klassenmitte 1.75 (in Tsd. Euro) verwendet werden.

K	v.	b. u.	rel. Häuf.	kum. rel. H.	K	v.	b. u.	rel. Häuf.	kum. rel. H.
$\tilde{x}_1$	0.0	0.5	0.018	0.018	$\tilde{x}_7$	3.0	4.0	0.132	0.898
$\tilde{x}_2$	0.5	1.0	0.115	0.132	$\tilde{x}_8$	4.0	5.0	0.047	0.945
$\tilde{x}_3$	1.0	1.5	0.148	0.280	$\tilde{x}_9$	5.0	7.0	0.040	0.985
$\tilde{x}_4$	1.5	2.0	0.184	0.464	$\tilde{x}_{10}$	7.0	10.0	0.011	0.997
$\tilde{x}_5$	2.0	2.5	0.183	0.647	$\tilde{x}_{11}$	10.0	15.0	0.002	0.999
$\tilde{x}_6$	2.5	3.0	0.119	0.766	$\tilde{x}_{12}$	15.0	20.0	0.001	1.000

c) 5-te Klasse, Näherungswert: 2.097 (in Tsd. Euro)

d) 2.392 (in Tsd. Euro)

e) Die gefundene Abfolge (arithm. Mittel > Zentralwert > Modus) ist typisch für eine linkssteile, rechtsschiefe Verteilung.

f) Unteres Quartil (lineare Interpolation): 1.398, oberes Quartil (lineare Interpolation): 2.934 (in Tsd. Euro), totaler Quartilsabstand: 1.536 (in Tsd. Euro).

g) 1.558 (in Tsd. Euro)
Hinweis: Es wird nur die Streuung zwischen den Klassen (approximativ) berücksichtigt.

h) Lediglich die Streuung zwischen den Klassen wird bei der Näherung berücksichtigt (Unterschätzung). Überkompensation durch Überschätzung der externen Streuung.

Kapitel 4

1. a) 40

b) $h_1 = 0.5$; $h_2 = 0.25$; $h_3 = 0.175$

c) $\text{CR}_2 = 0.75$; $i/n = 0.5$

d) 0.25

e) Siehe Abschnitt 4.1 auf Seite 72.

f) $\text{CR}_1 = 0.5, \text{CR}_2 = 0.75, \text{CR}_3 = 0.925, \text{CR}_4 = 1$

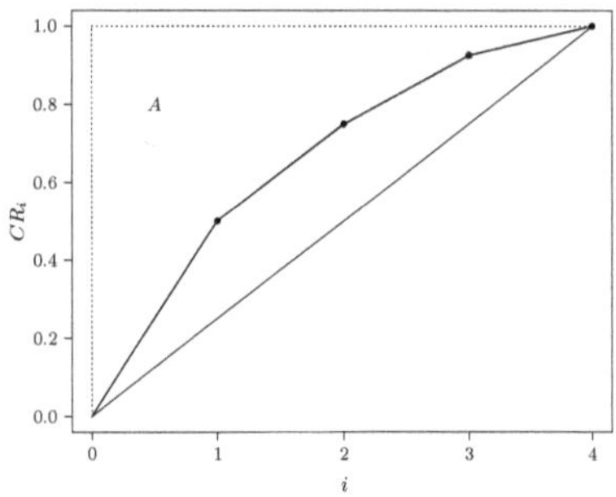

g) Kurven bei minimaler und maximaler Konzentration

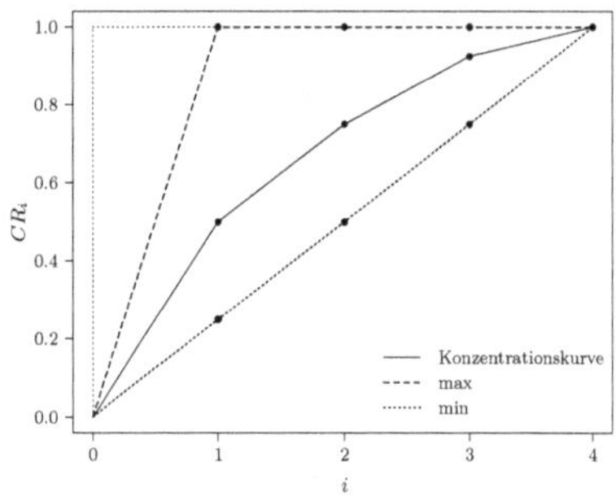

h) $h_r = \frac{x_r}{\sum_{k=1}^{n} x_k}$

i) $h_r = \frac{c + x_r}{nc + \sum_{k=1}^{n} x_k}$ (geringere absolute Konzentration)

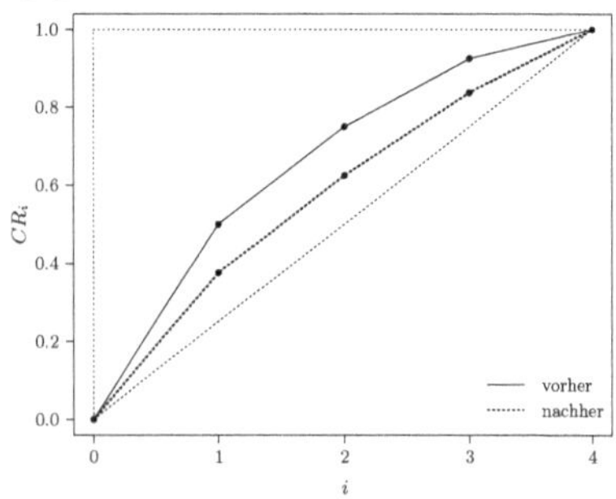

j) $\mathrm{HK} = 0.34875$, wobei $\frac{1}{n} \leq \mathrm{HK} \leq 1$

k) $\text{RK} = 0.37736$, wobei $\frac{1}{n} \leq \text{RK} \leq 1$

2. a) $H_1 = 0.075, H_2 = 0.25, H_3 = 0.5, H_4 = 1$

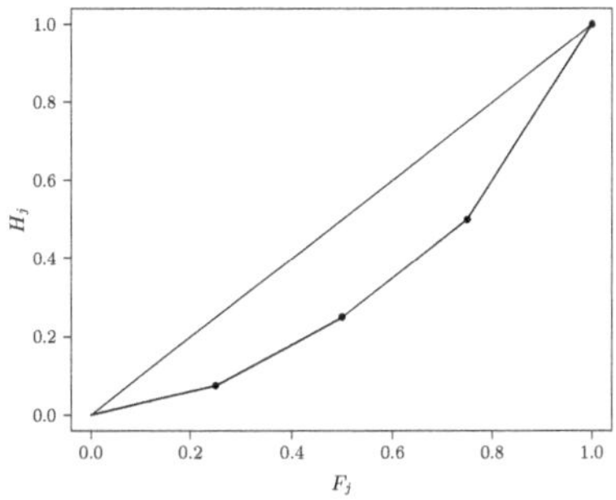

b) Kurven bei minimaler und maximaler relativer Konzentration

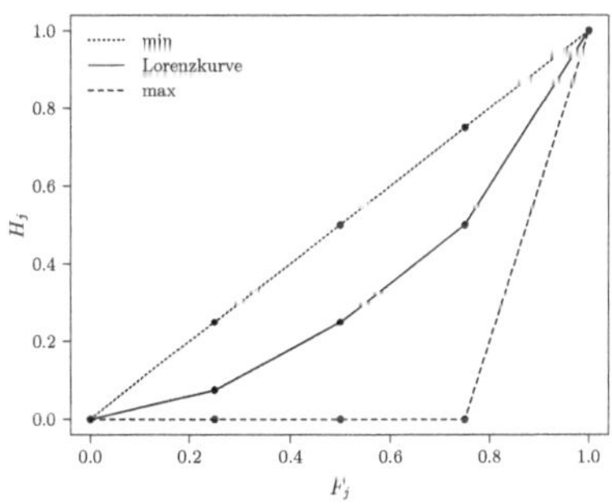

c)

$$H_j = \frac{\sum_{r=1}^{j} x_r}{\sum_{r=1}^{n} x_r}$$

d)

$$\frac{\sum_{r=1}^{j} x_r}{\sum_{r=1}^{n} x_r} < \frac{\sum_{r=1}^{j} (x_r + c)}{\sum_{r=1}^{n} (x_r + c)} = \frac{jc + \sum_{r=1}^{j} x_r}{nc + \sum_{r=1}^{n} x_r}$$

(geringere relative Konzentration)

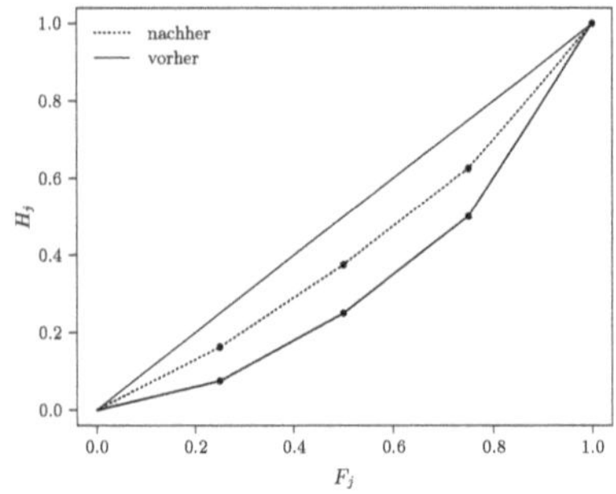

e) $G = 0.3375$

f) $G = 0.16875$

g) $G = 0.375$

Kapitel 5

1. SD = 0.06; NSD = 0.03; EN = 0.037

2. a) $\bar{l}^{\text{m}} = 15.03$; $\bar{l}^{\text{w}} = 12.31$

b) $\bar{l}^{\text{w}}_{(a^{\text{m}})} = 12.23$; $\bar{l}^{\text{w}}_{(\bar{l}^{\text{m}})} = 15.11$

c) $\bar{l}^{\text{m}} - \bar{l}^{\text{w}}_{(a^{\text{m}})} = 2.81$; $\bar{l}^{\text{m}} - \bar{l}^{\text{w}}_{(\bar{l}^{\text{m}})} = -0.08$

d) $\bar{l}^{\text{m}} - \bar{l}^{\text{w}} = 2.72$

e) Die vorgefundene Lohndifferenz lässt sich fast vollständig auf die unterschiedliche Lohnhöhe in den Bildungsgruppen zurückführen.

3. a) $\bar{l}^{\text{m}} = 14.19$; $\bar{l}^{\text{w}} = 10.55$

b) $\bar{l}^{\text{w}}_{(a^{\text{m}})} = 10.59$; $\bar{l}^{\text{w}}_{(\bar{l}^{\text{m}})} = 12.43$

c) $\bar{l}^{\text{m}} - \bar{l}^{\text{w}}_{(a^{\text{m}})} = 3.47$; $\bar{l}^{\text{m}} - \bar{l}^{\text{w}}_{(\bar{l}^{\text{m}})} = 1.63$

d) $\bar{l}^{\text{m}} - \bar{l}^{\text{w}} = 3.51$

e) Die vorgefundene geringe Lohndifferenz 3.51 resultiert aus einem aus Sicht der Nicht-Dienstleister positiven Niveaueffekt 3.47, der praktisch vollständig durch den negativen Struktureffekt in Höhe von 1.63 kompensiert wird.

Kapitel 6

1. a) - Ausgaben

t	Gut A	Gut B	A+B
0	72	500	572
1	120	432	552
2	105	765	870

- Relative Ausgaben

t	Gut A	Gut B
0	72/572 = 0.12587	500/572 = 0.87413
1	120/552 = 0.21739	432/552 = 0.78261
2	105/870 = 0.12069	765/870 = 0.87931

b) - Messzahlen $\frac{p_{t_1}}{p_{t_0}} = m(t_0, t_1)$ mit fester Basis (t_0):

t	Gut A	Gut B
1	20/18 = 1.1111	48/50 = 0.96
2	21/18 = 1.1667	51/50 = 1.02

- Messzahlen $\frac{p_{t_i}}{p_{t_{i-1}}} = m(t_{i-1}, t_i)$ mit Vorjahresbasis (t_{i-1}):

t	Gut A	Gut B
1	20/18 = 1.1111	48/50 = 0.9600
2	21/20 = 1.0500	51/48 = 1.0625

c) $\mathrm{P}^{\mathrm{l}}_{t_0,t_1} = 0.97904$; $\mathrm{P}^{\mathrm{l}}_{t_0,t_2} = 1.0385$

d) $\mathrm{P}^{\mathrm{p}}_{t_0,t_1} = 0.98919$

e) $\mathrm{P}^{\mathrm{p}}_{t_1,t_2} = 1.0610$

f) $\mathrm{P}^{\mathrm{l}}_{t_0,t_1} = 0.9790$; $\mathrm{P}^{\mathrm{l}}_{t_0,t_2} = 1.0385$; $\mathrm{P}^{\mathrm{p}}_{t_0,t_1} = 0.9893$; $\mathrm{P}^{\mathrm{p}}_{t_1,t_2} =$ 1.0610

g) $$\frac{\mathrm{P}^{\mathrm{p}}_{t_0,t_2}}{\mathrm{P}^{\mathrm{p}}_{t_0,t_1}} = \frac{\sum\limits_{j=1}^{n} p_{jt_2} q_{jt_2}}{\sum\limits_{j=1}^{n} p_{jt_0} q_{jt_2}} \frac{\sum\limits_{j=1}^{n} p_{jt_0} q_{jt_1}}{\sum\limits_{j=1}^{n} p_{jt_1} q_{jt_1}}$$

h) $$\frac{\mathrm{P}^{\mathrm{l}}_{t_0,t_2}}{\mathrm{P}^{\mathrm{l}}_{t_0,t_1}} = \frac{\sum\limits_{j=1}^{n} p_{t_2 j} q_{t_0 j}}{\sum\limits_{j=1}^{n} p_{t_1 j} q_{t_0 j}}$$

i) $\mathrm{Q}^{\mathrm{l}}_{t_0,t_2} = 1.4685$; $\mathrm{Q}^{\mathrm{p}}_{t_0,t_1} = 0.98571$

2. a) Vgl. Abschnitt 6.7.2

b) Vgl. Abschnitt 6.7.2

c) Vgl. Abschnitt 6.7.1

Kapitel 7

1. $P(\text{Frau}|\text{Führungkr.}) = 0.14$

2. Vgl. Abschnitt 7.3

3. interne Varianz: 464.8, externe Varianz: 486, Gesamtvarianz: 950.8

4. $\frac{0.249}{2.1383} = 0.116$

Kapitel 8

1. a) Streudiagramm

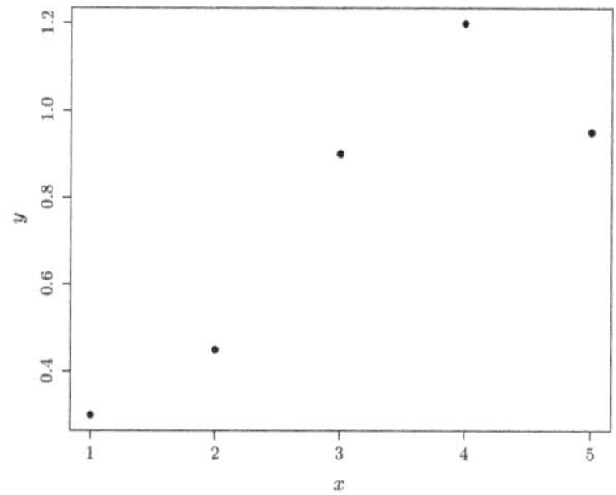

b) Der Zusammenhang ist postiv, halbwegs linear und relativ eng.

c) $\bar{x} = 3$; $\bar{y} = 0.76$

d) Streudiagramm mittelwertbereinigte Daten

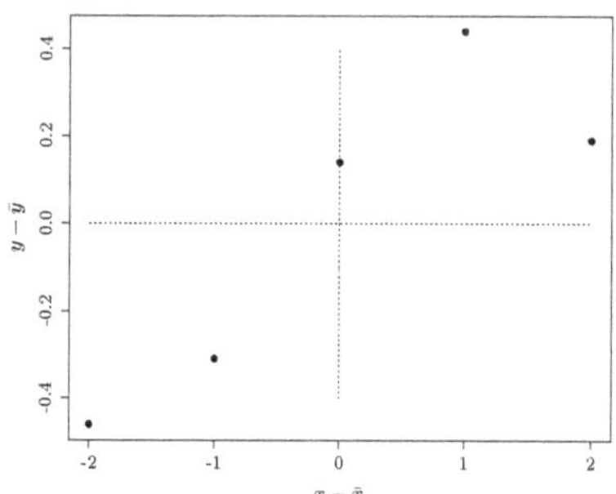

e) I: $(x_i - \bar{x})(y_i - \bar{y}) > 0$ (+,+)

II: $(x_i - \bar{x})(y_i - \bar{y}) < 0$ (-,+)

III $(x_i - \bar{x})(y_i - \bar{y}) > 0$ (-,-)

IV: $(x_i - \bar{x})(y_i - \bar{y}) < 0$ (+,-)

f) $\sigma_X^2 = 1.414$; $\sigma_Y^2 = 0.334$

g) $\sigma_{YX} = 0.41$

h) $\mathrm{r}_{XY} = 0.869$

i) Es liegt ein sehr starker positiver linearer Zusammenhang vor.

2. Siehe Abschnitt 8.3 auf Seite 143 und Abschnitt 3.3.2 auf Seite 54.

3. a) $\mathrm{r}_{XY} = 0$

b) Es besteht kein linearer Zusammenhang, aber ein nichtlinearer funktionaler: $y = x^4$.

Kapitel 9

1. a) $\rho_{XY} = 0.9$

b) $\rho_{XY} = 0.9$

c) Einkommen ist ein metrisches Merkmal, daher wird der lineare Korrelationskoeffizient verwendet. Beim Rangkorrelationskoeffizient geht die Information über die Einkommensabstände verloren.

2. a) $\rho_{XY} = -0.211$

b) $\rho_{XY} \neq 1 - \frac{6\sum_{i=1}^{n}\left(\mathrm{r}_i - \mathrm{r}'_i\right)^2}{n\left(n^2-1\right)} = -0.15$

3. a) $\mathrm{P}(Y = 1|X = 1) = 0.287$; $\mathrm{P}(Y = 1|X = 0) = 0.457$

b) $\mathrm{P}(X = 1|Y = 1) = 0.326$; $\mathrm{P}(X = 0|Y = 0) = 0.504$

c) Tabelle bei Unabhängigkeit

d) $\chi^2 = 37.581$

e) $\mathrm{C} = 0.243$

f) Nur wenn χ^2 exakt 0 wäre, ergäbe sich auch ein Kontingenzkoeffizient von 0. In diesem Fall wären die empirische und die hypothetisch Verteilung unter Unabhängigkeit identisch.

	$Y=0$	$Y=1$	Insg.
$X=0$	0.348	0.216	0.564
$X=1$	0.269	0.167	0.436
Insg.	0.617	0.383	1.000

Kapitel 10

1. a) Streudiagramm:

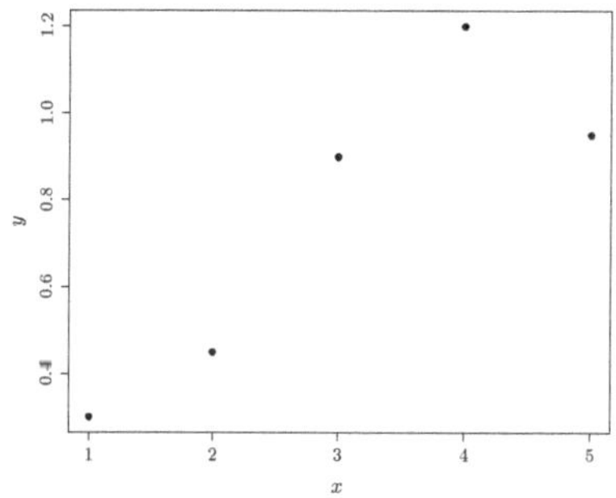

b) Siehe Abschnitt 10.2 auf Seite 171ff.

c) Siehe Abschnitt 10.2.2 auf Seite 173.

d) Siehe Abschnitt 10.2.3 auf Seite 174.

e) Siehe Abschnitt 10.2.3 auf Seite 174.

f) Siehe Abschnitt 10.2.2 auf Seite 173.

g) Siehe Abbildung 10.3.

h) Siehe Abbildung 10.3.

i) $\beta = 0.205$, d.h. eine Änderung des Einkommens um 1000 Euro führt zu einer Erhöhung der Mietausgaben um 205 Euro.

j) $\alpha = 0.145$; $\hat{y}_i = 0.145 + 0.205 \cdot x_i$

k) $\hat{y}_i(x_i = \bar{x}) = \bar{y} - \beta\bar{x} + \beta\bar{x} = \bar{y}$

l) $\hat{y}_1 = 0.35$; $\hat{y}_2 = 0.555$; $\hat{y}_3 = 0.76$; $\hat{y}_4 = 0.965$; $\hat{y}_5 = 1.17$

m) $Q = 0.137$; $\sigma_U^2 = 0.027$

n) $\sum_{i=1}^{n} (\hat{y}_i - \bar{y}_i)^2 = 0.42$; $\sigma_{\hat{Y}}^2 = 0.084$

o) $\sigma_Y^2 = \sigma_{\hat{Y}}^2 + \sigma_U^2$
$0.111 = 0.084 + 0.027$

p) $R^2 = 0.754$. Diese Maßzahl wird Bestimmtheitsmaß genannt.

2. a) $\hat{\beta} = \frac{\sigma_{XY}}{\sigma_X^2}$; $\hat{\delta} = \frac{\sigma_{XY}}{\sigma_Y^2}$

b) $\mathrm{r}^2 = \frac{(\sigma_{XY})^2}{\sigma_X^2 \sigma_Y^2} = \hat{\beta} \cdot \hat{\delta}$

c) $\hat{\delta} = \frac{\sigma_{XY}}{\sigma_Y^2} = 3.68$

d) Es ist wohl eher eine „kausale Determinierung" der Mieten durch das Einkommen ($y_i = \alpha + \beta x_i + u_i$) als umgekehrt zu vermuten.

Kapitel 11

1. Siehe Abschnitt 11.1.1 auf Seite 185.

2. a) $\hat{\beta}_1 = 0.463$, $\hat{\beta}_2 = -0.396$, $\hat{\beta}_0 = 2.269$,
$\hat{y}_i = 2.269 + 0.463x_{1i} - 0.396x_{2i}$

b) Geschätzte Koeffizienten:

$$\hat{\boldsymbol{\beta}} = \left(\boldsymbol{X}'\boldsymbol{X}\right)^{-1} \boldsymbol{X}'\boldsymbol{y} = \begin{bmatrix} 2.269 \\ 0.463 \\ -0.396 \end{bmatrix}$$

Regressionswerte und Residuen:

$$\hat{\boldsymbol{y}} = \boldsymbol{X}\hat{\boldsymbol{\beta}} = \begin{bmatrix} 2.007 \\ 0.953 \\ 3.067 \\ 5.973 \end{bmatrix} \quad ; \quad \boldsymbol{u} = \boldsymbol{y} - \boldsymbol{X}\hat{\boldsymbol{\beta}} = \begin{bmatrix} -0.007 \\ 0.047 \\ -0.067 \\ 0.027 \end{bmatrix}$$

Kapitel 12

1. a) Siehe Abschnitt 12.2 auf Seite 200.

b) Lösung: Gleitendes 4er-Mittel

	1. Quart.	2. Quart.	3. Quart.	4.Quart.
2010			373.74	402.69
2011	429.97	454.49	473.84	484.99
2012	488.05	482.51	473.99	465.39
2013	457.60	455.92	458.06	462.70
2014	471.40	483.42	498.18	515.19
2015	534.71	556.92	580.54	603.97
2016	626.49	646.43	663.17	678.82
2017	696.91	718.79	741.59	762.26
2018	780.02	792.30		

c) Lösung: Trendabweichungen und Saisonindexzahlen

	1. Quart.	2. Quart.	3. Quart.	4.Quart.
2010			1.0576	0.9731
2011	0.9573	1.0347	1.0489	1.0027
2012	0.9671	1.0344	1.0392	0.9592
2013	0.9696	1.0060	1.0277	0.9830
2014	0.9597	1.0077	1.0273	0.9898
2015	0.9638	1.0059	1.0248	1.0008
2016	0.9733	1.0106	1.0284	0.9973
2017	0.9631	0.9976	1.0287	1.0115
2018	0.9737	1.0022		
Mittelwert	0.9660	1.0124	1.0353	0.9897
Saisonindexzahlen	0.9629	0.9974	1.0285	1.0113

d) Lösung: Saisonbereinigte Werte

	1. Quart.	2. Quart.	3. Quart.	4.Quart.
2010	307.93	354.69	384.31	387.49
2011	427.48	471.48	483.23	480.85
2012	490.18	500.43	478.93	441.42
2013	460.80	459.84	457.68	449.74
2014	469.81	488.40	497.61	504.24
2015	535.23	561.65	578.45	597.72
2016	633.24	654.97	663.08	669.41
2017	697.05	718.92	741.77	762.44
2018	788.81	796.09	805.11	795.10

e) - Ursprungswerte: $\left(\frac{804.086}{828.058} - 1\right) \cdot 100 = -2.89$

- Saisonbereinigte Werte: $\left(\frac{795.1}{805.11} - 1\right) \cdot 100 = -1.24$

Probeklausuren

Klausur 1

1. a) $\bar{x} = 7.5$

b) $\tilde{x}_{0.7} = 6$

c) $\sigma_X = 5.1478$

d) $\sigma_{XY} = 9.25$

e) $\rho_{XY} = 0.8729$

2. Beachte: Da die Normierung entfällt, muss nur das dritte Quartal betrachtet werden!

Gleitende Durchschnitte: $g_{2011,3} = 677.13$, $g_{2012,3} = 687.69$, $g_{2013,3} = 706.32$

Trendbereinigte Werte: $d_{2011,3} = 1.0164$, $d_{2012,3} = 1.0170$, $d_{2013,3} = 1.0172$

Phasenmittel: $\bar{d}_3 = 1.0169$

Normierung entfällt: $\bar{d}_3 = s_3$

Saisonbereinigter Wert: $y^{sb}_{2014,3} = 727.66$

3. a) Siehe Abschnitt 10.2.2 Seite 172ff.

b) $\hat{\beta}_1 = 0.3491$, $\hat{\beta}_0 = 2.883$

4. a) Siehe Abschnitt 4.3.2 Seite 78ff.

b) G = 0.3238

5. Zu a) und b):

j	1		2		3		4	
	p_1/p_0	a	p_1/p_0	a	p_1/p_0	a	p_1/p_0	a
$t=0$		$\frac{1.05\cdot 4}{85.06}$		$\frac{2.11\cdot 6}{85.06}$		$\frac{3.40\cdot 8}{85.06}$		$\frac{4.10\cdot 10}{85.06}$
$t=1$	$\frac{1.07}{1.05}$	$\frac{1.07\cdot 5}{104.63}$	$\frac{2.14}{2.11}$	$\frac{2.14\cdot 7}{104.63}$	$\frac{3.50}{3.40}$	$\frac{3.50\cdot 9}{104.63}$	$\frac{4.80}{4.10}$	$\frac{4.80\cdot 11}{104.63}$

$$1.05 \cdot 4 + 2.11 \cdot 6 + 3.40 \cdot 8 + 4.10 \cdot 10 = 85.06$$
$$1.07 \cdot 5 + 2.14 \cdot 7 + 3.50 \cdot 9 + 4.80 \cdot 11 = 104.63$$

a)

$$\begin{aligned} \mathrm{P}^{\mathrm{l}}_{t_0 t_1} = \frac{1.07}{1.05} \cdot \frac{1.05 \cdot 4}{85.06} + \frac{2.14}{2.11} \cdot \frac{2.11 \cdot 6}{85.06} + \frac{3.50}{3.40} \cdot \frac{3.40 \cdot 8}{85.06} \\ + \frac{4.80}{4.10} \cdot \frac{4.10 \cdot 10}{85.06} = 1.0948 \end{aligned}$$

Alternativ:

$$\mathrm{P}^{\mathrm{l}}_{t_0 t_1} = \frac{1.07 \cdot 4 + 2.14 \cdot 6 + 3.50 \cdot 8 + 4.80 \cdot 10}{1.05 \cdot 4 + 2.11 \cdot 6 + 3.40 \cdot 8 + 4.10 \cdot 10} = 1.0948$$

b)

$$\mathrm{P}^{\mathrm{p}}_{t_0 t_1} = \frac{1}{\frac{1}{\frac{1.07}{1.05}} \cdot \frac{1.07 \cdot 5}{104.63} + \frac{1}{\frac{2.14}{2.11}} \cdot \frac{2.14 \cdot 7}{104.63} + \frac{1}{\frac{3.50}{3.40}} \cdot \frac{3.50 \cdot 9}{104.63} + \frac{1}{\frac{4.80}{4.10}} \cdot \frac{4.80 \cdot 11}{104.63}} = 1.0931$$

Alternativ:

$$\mathrm{P}^{\mathrm{p}}_{t_0 t_1} = \frac{1.07 \cdot 5 + 2.14 \cdot 7 + 3.50 \cdot 9 + 4.80 \cdot 11}{1.05 \cdot 5 + 2.11 \cdot 7 + 3.40 \cdot 9 + 4.10 \cdot 11} = 1.0931$$

c)

$$\mathrm{P}^{\mathrm{f}}_{t_0 t_1} = \sqrt{\mathrm{P}^{\mathrm{l}}_{t_0 t_1} \cdot \mathrm{P}^{\mathrm{p}}_{t_0 t_1}} = \sqrt{1.0948 \cdot 1.0931} = 1.0939$$

d) Preisindex nach Paasche

$$\mathrm{P}^{\mathrm{p}}_{t_0 t_1}\, \mathrm{P}^{\mathrm{p}}_{t_1 t_2} = \frac{\sum p_1 q_1}{\sum p_0 q_1} \frac{\sum p_2 q_2}{\sum p_1 q_2} \neq \frac{\sum p_2 q_2}{\sum p_0 q_2} = \mathrm{P}^{\mathrm{p}}_{t_0 t_2}$$

Klausur 2

1. a) $\bar{x} = 11$

b) $\tilde{x}_{0.5} = 7$

c) $\sigma = 7.5829$

d) $\frac{\mu^3}{\sigma^3} = 1.0837$. Es gibt drei kleine negative und eine große positive Abweichung. Durch die dritte Potenz überwiegt die große positive Abweichung und führt zu einem positiven Wert des Schiefemaßes. Dies deutet auf eine rechtsschiefe Verteilung hin.

e) $\sqrt[n-1]{\prod_{i=1}^{n-1} \frac{x_{i+1}}{x_i}} = 1.6869; \quad 1.6869 \cdot 100 - 100 = 68.6$

2. a) Eine Gewichtung erfolgt, um die unterschiedliche ‚Bedeutung' der verschiedenen Güter bzw. Gütergruppen zu berücksichtigen.

Die Gewichtung erfolgt durch die Auswertung von ‚Ausgabebüchern' der Teilnehmer der EVS. D.h. es werden für die verschiedenen Gütergruppen die Ausgabenanteile von vielen Personen gemittelt, so dass die Ausgabenanteile den Verbrauchsgewohnheiten eines typischen Haushalts entsprechen sollen. Tatsächlich ist entsprechend seiner Ausgabenstruktur jeder Haushalt individuell unterschiedlich von Preissteigerungen betroffen.

b) $\mathrm{P}^{\mathrm{l}}_{t_0 t_1} = 1.0758; \quad \mathrm{P}^{\mathrm{p}}_{t_0 t_1} = 1.0640$

c) In den Preisindex nach Paasche gehen aktuelle Gütermengen ein. Tendenziell substitutieren Menschen sehr stark verteuerte Güter durch weniger stark verteuerte, so dass die besonders hohen Preismeßzahlen beim Paasche-Index etwas geringer gewichtet werden als beim Laspeyres-Index.

3. Siehe Abschnitt 4.3.2 Seite 80ff.

4. Siehe Abschnitt 7.3 Seite 133ff.

5. a) $\bar{x} = \sum_{j=1}^{J} \bar{x}_j \cdot f_j = \sum_{j=1}^{J} \frac{1}{n_j} \sum_{i=1}^{n_j} x_{ji} \cdot \frac{n_j}{n} = \frac{1}{n} \sum_{i=1}^{n} x_i$

b) Es gilt die Streuungszerlegung. Sowohl die interne als auch die externe Varianz lassen sich mit den Tabellenangaben berechnen.

c) $\bar{x} = 1900.98$

d) interne Varianz: 336,125.32; externe Varianz: 1,221,072.25; $\sigma^2 = 1{,}557{,}197.57$; $\sigma = 1247.88$

6. a)

$$\begin{aligned} c_i &= e^{\alpha} y_i^{\beta} e^{u_i} \\ \ln c_i &= \ln\left(e^{\alpha} y_i^{\beta} e^{u_i}\right) \\ \ln c_i &= \ln e^{\alpha} + \ln y_i^{\beta} + \ln e^{u_i} \\ &= \alpha + \beta \ln y_i + u_i \end{aligned}$$

b) $\hat{\beta} = \frac{\text{cov}(\ln y, \ln c)}{\text{var}(\ln y)}$, $\hat{\alpha} = \text{mean}(\ln c) - \hat{\beta} \cdot \text{mean}(\ln y)$

c) $\hat{c}_i = e^{\hat{\alpha}} y_i^{\hat{\beta}} = e^{0.915} 4000^{0.818} = 2207.3$

d) $\hat{\delta} = 202.7, \quad \hat{\phi} = 0.493$

e) $\hat{c}_i = \hat{\delta} + \hat{\phi} y_i = 202.7 + 0.493 \cdot 4000 = 2174.7$

Klausur 3

1. a) $\hat{f}(x = 2.2) = 0.3111$

b) $P(X \in \tilde{x}_2^*) = 0.2667$

2. a) $m_1 = \frac{p_{2019,1}}{p_{2018,1}} = \frac{3}{2.5}$; $m_2 = \frac{p_{2019,2}}{p_{2018,2}} = \frac{18}{15}$; $m_3 = \frac{p_{2019,3}}{p_{2018,3}} = \frac{18}{15}$

b) $g_{2018,3} = \frac{2}{3}$

c) $g_{2019,3} = 0.2136$

d) $I_L^P = \frac{\sum_i p_{i,19} \cdot q_{i.18}}{\sum_i p_{i,18} \cdot q_{i.18}}$

e) $I_L^P = 1.2$

3. a) Herleitung:

$$\sigma_Y^2 = \frac{1}{n}\sum_{i=1}^{n}(y_i - \bar{y})^2 = \frac{1}{n}\sum_{i=1}^{n}((y_i - \hat{y}_i) + (\hat{y}_i - \bar{y}))^2$$

$$= \frac{1}{n}\sum_{i=1}^{n}(y_i - \hat{y}_i)^2 + (\hat{y}_i - \bar{y})^2 + 2\,(y_i - \hat{y}_i)\,(\hat{y}_i - \bar{y})$$

Dritter Summand ist 0, wegen

$$\sum_{i=1}^{n}(y_i - \hat{y}_i)\,(\hat{y}_i - \bar{y})$$

$$= \sum_{i=1}^{n}\hat{y}_i\,(y_i - \hat{y}_i) + \bar{y}\sum_{i=1}^{n}(y_i - \hat{y}_i)$$

$$= \sum_{i=1}^{n}\hat{y}_i u_i + \bar{y}\sum_{i=1}^{n}u_i = 0$$

$$\text{wg. } \sum_{i=1}^{n}\hat{y}_i u_i = \sum_{i=1}^{n}(\alpha + \beta x_i)\,u_i$$

$$= \alpha\sum_{i=1}^{n}u_i + \beta\sum_{i=1}^{n}x_i u_i = 0 \text{ und } \sum_{i=1}^{n}u_i = 0$$

Daraus folgt

$$\sigma_Y^2 = \frac{1}{n}\sum_{i=1}^{n}(y_i - \hat{y}_i)^2 + (\hat{y}_i - \bar{y})^2$$

b) 1. Komponente: Varianz der Beobachtungen um die Regressionslinie, d.h. Varianz der Residuen, da die Residuen den Mittelwert 0 haben, 2. Komponente Varianz der Regressionswerte um das arithmetische Mittel, da die Regressionswerte den Mittlwert $\bar{y}$ haben.

4. a) 3 geg. 2 : 1.9586%, 2 geg. 1 : −0.5177%

b) Die Originalwerte deuten auf eine Verbesserung hin. Aufgrund eines Saisonmusters könnte die saisonbereinigte Entwicklung jedoch ein anderes Bild ergeben.

c) Mittlere Trendabweichung: $d_{2015,3} = 1.0082$, $d_{2016,3} = 1.0027$, $d_{2017,3} = 1.0055$, $d_{2018,3} = 1.0021$, $\bar{d}_3 = 1.0046$ Saisonbereinigter Wert: $y^b_{2019,3} = y_{2019,3}/\bar{d}_3 = 107.27$

d) $2019,3$ geg. $2019,2 : 0.979\%$, $2019,2$ geg. $2019,1 : -0.4405\%$

e) Nach einem Rückgang um 0.44% im zweiten Quartal, aktuell Anstieg um 0.985% im aktuellen Quartal (Erholung).

Klausur 4

1. a) $\bar{x} = 12$

b) $\tilde{x}_{0.5} = x_2 = 3$

c) $MA = 9.6$

d) $s_X = 10.64$

e) $\sigma_X = \sqrt{\frac{1}{n}\sum_{i=1}^{n}(cx_i)^2 - (c\bar{x})^2} = \sqrt{c^2\frac{1}{n}\sum_{i=1}^{n}x_i^2 - \bar{x}^2}$
$= |c|\sqrt{\frac{1}{n}\sum_{i=1}^{n}x_i^2 - \bar{x}^2} = |c|\ s_X$

f) $\sigma_{cX} = 21.28$

2. a) $RK = 0.3798$

b) $HK = 0.3572$

c) $h_i = \frac{cx_i}{\sum_{i=1}^{n} cx_i} = \frac{x_i}{\sum_{i=1}^{n} x_i}$ D.h. keine Veränderung.

d) Minimale Konzentration: $h_i = 1/n$

$$HK = \sum_{i=1}^{n}\left(\frac{1}{n}\right)^2 = \frac{n}{n^2} = 1/n$$

Maximale Konzentration: $h_1 = 1$, 0 sonst

$$HK = \sum_{i=1}^{n} h_i^2 = 1 + 0 + 0 + ... = 1$$

e) $h_i \approx 1/n$, damit $HK \approx 1/n$

3. Herleitung:

$$\sigma_X^2 = \sum_{j=1}^{J}(\tilde{x}_j - \bar{x})^2 \sum_{k=1}^{K} P(X = \tilde{x}_j|Y = \tilde{y}_k)P(Y = \tilde{y}_k)$$

$$= \sum_{k=1}^{K}\sum_{j=1}^{J}(\tilde{x}_j - \bar{x})^2 P(X = \tilde{x}_j|Y = \tilde{y}_k)P(Y = \tilde{y}_k)$$

$$= \sum_{k=1}^{K}\sum_{j=1}^{J}((\tilde{x}_j - \bar{x}_k) + (\bar{x}_k - \bar{x}))^2 P(X = \tilde{x}_j|Y = \tilde{y}_k)P(Y = \tilde{y}_k)$$

$$= \sum_{k=1}^{K}\underbrace{\sum_{j=1}^{J}(\tilde{x}_j - \bar{x}_k)^2 P(X = \tilde{x}_j|Y = \tilde{y}_k)}_{=\sigma^2_{X|\tilde{y}}}P(Y = \tilde{y}_k)$$

$$+ \sum_{k=1}^{K}\sum_{j=1}^{J}(\bar{x}_k - \bar{x})^2 P(X = \tilde{x}_j|Y = \tilde{y}_k)P(Y = \tilde{y}_k)$$

$$= \sum_{k=1}^{K}\sigma^2_{X|\tilde{y}}P(Y = \tilde{y}_k) + \sum_{k=1}^{K}(\bar{x}_k - \bar{x})^2 P(X = \tilde{x}_j|Y = \tilde{y}_k)$$

$$\sigma^2_{X|\tilde{y}} = \sum_{k=1}^{K}((\tilde{x}_j - \bar{x}_k) + (\bar{x}_k - \bar{x}))^2 P(X = \tilde{x}_j|Y = \tilde{y}_k)$$

$$\sum_{k=1}^{K}\sum_{j=1}^{J}(\bar{x}_k - \bar{x})^2 P(X = \tilde{x}_j|Y = \tilde{y}_k)P(Y = \tilde{y}_k)$$

$$= \sum_{k=1}^{K}(\bar{x}_k - \bar{x})^2 P(Y = \tilde{y}_k)\underbrace{\sum_{j=1}^{J}P(X = \tilde{x}_j|Y = \tilde{y}_k)}_{=1}$$

$$= \sum_{k=1}^{K}(\bar{x}_k - \bar{x})^2 P(X = \tilde{x}_j|Y = \tilde{y}_k)$$

$$
\begin{aligned}
&2\sum_{k=1}^{K}\sum_{j=1}^{J}(\tilde{x}_j-\bar{x}_k)(\bar{x}_k-\bar{x})\,P(X=\tilde{x}_j|Y=\tilde{y}_k)P(Y=\tilde{y}_k)\\
&\quad=2\sum_{k=1}^{K}(\bar{x}_k-\bar{x})\,P(Y=\tilde{y}_k)\underbrace{\sum_{j=1}^{J}(\tilde{x}_j-\bar{x}_k)\,P(X=\tilde{x}_j|Y=\tilde{y}_k)}_{=0}\\
&\quad=0
\end{aligned}
$$

4. a) $P(X=1|Y=0)=0.8485$, $P(X=0|Y=1)=0.8235$

b) Empirisch

	$Y=0$	$Y=1$
$X=0$	$\frac{1}{10}$	$\frac{7}{25}$
$X=1$	$\frac{14}{25}$	$\frac{3}{50}$

Bei Unabhängigkeit

	$Y=0$	$Y=1$
$X=0$	0.2508	0.1292
$X=1$	0.4092	0.2108

c)

	$Y=0$	$Y=1$
$X=0$	−0.1508	0.1508
$X=1$	0.1508	−0.1508

d)

	$Y=0$	$Y=1$
$X=0$	−0.60128	1.16720
$X=1$	0.36852	−0.71537

e)

	$Y=0$	$Y=1$
$X=0$	0.090673	0.176 01
$X=1$	0.055573	0.10788

f) $\chi^2 = 21.507$

g) $C = 0.7756$. Wg. $0 \leq C \leq 1$ und $C = 0.7756$ ist der Zusammenhang als recht stark zu bezeichnen.

Klausur 5

1. a) $\bar{x} = 128.8$

b) Herleitung:

$$\bar{x} = \frac{\sum_{j=1}^{J} \bar{x}_j \; n_j}{\sum_{j=1}^{J} n_j} = \frac{\sum_{j=1}^{J} \frac{1}{n_j} \sum_{i=1}^{n_j} x_i \; n_j}{\sum_{j=1}^{J} n_j}$$
$$= \frac{\sum_{j=1}^{J} \sum_{i=1}^{n_j} x_i}{\sum_{j=1}^{J} n_j} = \frac{1}{n} \sum_{i=1}^{n} x_i$$

c) $\sigma^2 = \frac{\sum_{j=1}^{J} \sigma_j^2 n_j}{\sum_{j=1}^{J} n_j} + \frac{\sum_{j=1}^{J} (\bar{x}_j - \bar{x})^2 n_j}{\sum_{j=1}^{J} n_j}$
$= 1710 + 8990.6 = 10701$

2. a) $\bar{x} = \frac{10}{3}$, $\sigma_X^2 = 6.8889$

b) $\bar{y} = \frac{20}{3}$, $\sigma_Y^2 = 29.556$

c) $\sigma_{XY} = 14.111$

d) $r_{XY} = \frac{\sigma_{XY}}{\sigma_X \sigma_Y} = 0.9889$

e) $\sigma_{X^*}^2 = b^2 \sigma_X^2$

f) $\sigma_{X^*}^2 = b^2 \sigma_X^2 = 3^2 \cdot 6.8889 = 62$

3. a) $P(X = 1|Y = 0) = \frac{1}{6}$, $P(Y = 0|X = 0) = \frac{15}{16}$

b)

	$Y = 0$	$Y = 1$
$X = 0$	$\frac{3}{5}$	$\frac{1}{25}$
$X = 1$	$\frac{3}{25}$	$\frac{6}{25}$

c)

	$Y = 0$	$Y = 1$
$X = 0$	$\frac{288}{625}$	$\frac{112}{625}$
$X = 1$	$\frac{162}{625}$	$\frac{63}{625}$

d) $\chi^2 = 20.858$

e) $C = 0.7673$

4. a) 2021, 3 geg. 2021, 2 : 5.9096%

b) Aufgrund wiederkehrender saisonaler Schwankungen haben die Quartale unterschiedliche Niveaus.

c) $g_{2021,4} = 868.38$

d) Am aktuellen Rand gehen 2 Quartale verloren.

e) 2021, 3 geg. 2020, 3 : 7.1512%

f) Die verglichenen Werte haben die gleiche Saisonkomponente, allerdings wird die zwischenzeitliche Entwicklung ignoriert. Damit könnte z.B. bei aktuellem Rückgang zum Vormonat im Vorjahresvergleich ein Anstieg resultieren. Die mit dem

Verfahren X13 saisonbereinigten Werte für das zweite und dritte Quartal des Jahres 2021 lauten 873 und 909.

g) 2021, 3 geg. 2021, 2 : 4.1237%. Die aktuelle Entwicklung ist günstig, allerdings um knapp 2% schwächer als beim Vergleich mit den Originalwerten.

h) Die Saisonkomponente des dritten Quartals hat einen höheren Wert als die des zweiten Quartals. D.h. im langfristigen Trend liegen die unbereinigten Werte des dritten Quartals weiter über dem Trendwert als im zweiten Quartal (bzw. weniger darunter).

Klausur 6

1. a) $\bar{x} = 2.5$

b) $\tilde{x}_{0.5} = x_2 = 1$

c) $(x|f(x) = \max) = 1$

d) $\sigma_X^2 = 10.25$

e) $\frac{\mu_X^3}{\sigma_X^3} = 1.097$

f) Da der Wert > 0, wird eine rechtsschiefe Verteilung vermutet. Durch die ungerade Potenz bleiben die Vorzeichen erhalten. Die kubierten Abweichungen rechts vom arithm. Mittle überwiegen hier die kubierten Abweichungen links davon.

2. a) $\bar{x} = \frac{10}{3}$, $\sigma_X^2 = 10.889$

b) $\bar{y} = \frac{20}{3}$, $\sigma_Y^2 = 29.556$

c) $\sigma_{XY} = 17.111$

d) $r_{XY} = \frac{\sigma_{XY}}{\sigma_X \sigma_Y} = 0.9538$

e) $b = \frac{\sigma_{XY}}{\sigma_X^2} = 1.5714$, $a = \bar{y} - b\bar{x} = 1.4287$

3. a) $\sigma^2_{X|y=1} = 1$, $\sigma^2_{X|\tilde{y}=2} = 25$

b) $P(Y = \tilde{y}_1) = 0.5$; $P(Y = \tilde{y}_2) = 0.5$

c) $\sum_{k=1}^{K} \sigma^2_{X|\tilde{y}} P(Y = \tilde{y}_k) = 13$. Interne Varianz, mittlere Varianz der Werte innerhalb einer Klasse um die Klassenmittel.

d) $(\bar{x}_1 - \bar{x})^2 = 16$, $(\bar{x}_2 - \bar{x})^2 = 16$

e) $\sum_{k=1}^{K} (\bar{x}_k - \bar{x})^2 P(Y = \tilde{y}_k) = 16$. Externe Streuung, Varianz der Klassenmittel.

f) $\frac{\sum_{k=1}^{K} (\bar{x}_k - \bar{x})^2 P(Y=\tilde{y}_k)}{\sum_{k=1}^{K} \sigma^2_{X|\tilde{y}} P(Y=\tilde{y}_k) + \sum_{k=1}^{K} (\bar{x}_k - \bar{x})^2 P(Y=\tilde{y}_k)} = 0.5517$

4.
- Multiplikatives Modell:
  $y_i = g_i s_i u_i$
- Trendwerte für 3. Quartal:
  $g_{2018,3} = 845.63$, $g_{2019,3} = 869.38$, $g_{2020,3} = 840.13$
- Trendabweichungen im 3. Quartal:
  $d_{2018,3} = 0.9969$, $d_{2019,3} = 1.0088$, $d_{2020,3} = 1.0153$
- Mittelere Trendabweichung im 3. Quartal:
  $\bar{d}_3 = 1.007$
- Saisonbereinigter Wert 3. Quartal 2021:
  $y^*_{2021,3} = \frac{y_{2021,3}}{\bar{d}_3} = 907.65$

Index